STORE DESIGN
EXPERIENCE-BASED RETAIL

体验店设计

[新西兰] 布兰登·麦克法兰
(Brendan MacFarlane) / 编

姜 楠 / 译

广西师范大学出版社
·桂林·

images
Publishing

目 录

前言

本书探讨了当前体验店室内设计的最新趋势。如今的时代，产品营销至关重要的手段是"讲故事"，似乎这种围绕产品"讲故事"、以体验为基础的店铺已成了零售业创新的关键。人们都喜欢"好故事"，他们总是把已经拥有或将要拥有的东西与其他价值观念联系起来，把这种感受作为体验中的一部分。这种体验店已经成为以产品体验为基础的"购物中心"，它会使人们觉得正在进入到另一个世界之中。

有趣的是，像以前的许多创新活动一样，这种新的购物形式在20世纪80年代，甚至19世纪早期的主题商场中就有先例。不过，与那些先例不同的是，当下新型的体验店对线上购物这种近年来出现的新型购物体验做出了回应。这种转变始于那些想回到实体店面中为顾客提供产品真实体验的经销商们的推动，经销商们希望通过这种店面来了解顾客对产品的实际需求与感受。不过，这种理念其实仍然与线上购物有关。如果一个品牌有家实体店的话，顾客就可以通过店面来体验并在线上购买产品。这样，顾客在离店后不久，店家就会将货品直接送到顾客的家中。

一些商家将体验店设想为一个"新的城市广场"。换言之，这种体验店实际上是人们可以见面、交流、打发时间以及分享信息和经验的综合性场所（图01—02）。在这里，人们不仅会购买一件商品，还会通过这种提供综合性服务的体验店来发现其他的商品。例如，顾客可能在寻找一条裤子，最后却进行了喝咖啡、读书、看电影等一系列的消费，这正因为所有的这些是作为店面体验的一部分而存在的。

那么，在店面购物体验的创新活动中，人们会对哪些活动更感兴趣呢？体验店是否会成为使人们的购物行为更为精准的理想舞台呢？无人机送货会为营销创新制造出新的机会吗？人们无疑已经设想了各种革命性的体验店理念，它们不仅会改变人们的购物方式，还会改变城市的建设方向以及生活方式。人们在快闪店中看到了它们对公众的购物方式产生了巨大的影响。人们都喜欢看有情境的事物。这种体验店似乎可以将这种情境演绎出来。例如，如果有人想购买一台咖啡机的话，那么如果能了解这台咖啡机的背景信息，如咖啡机的设计者及咖啡机的操作形式等，肯定更加有趣。然而，仅仅有一个故事还远远不够。那么，这样就衍生出来以下的疑问：为什么不建造出支持和强化这个故事的空间呢？在咖啡馆中展示咖啡机的运作岂不是更好？于是，顾客被邀请到了一个以咖啡为主题的特殊场所，他们可以坐在设计精美的椅子上进行体验，顾客在这一场所中产生了家一般的感觉。在这里，既可以品尝咖啡机煮出的咖啡，又可以从中了解到品牌背后的故事。这些其实只是设计师为顾客打造出来的一种咖啡

机的销售空间而已。不过这已经在产品的周围为潜在客户创造出了一种很好的体验。

如今，商品不再仅仅是货架上的一个物件，店铺内的商品展示变得更加生动 (图 03)。体验店营造出来的场景并不像人们在电影院中那样仅仅是观看，体验店中的店面元素，从店铺装饰到店员本身，都会通过抓住顾客的心理而为他们提供丰富的直观体验。顾客有机会观看和试用产品，也可以多花些时间来体验产品。所有这些都应该是一家好的体验店所应该具备的。因此，设计师的作用就是要为这些体验营造出良好的氛围。实际上，设计师在打造戏剧性的空间上面花费了许多心思，他们一直将室内的设计重点放在这些品质之上，来为顾客实现良好的体验效果。在本书中，我们可以从世界各地极有才华的设计师那里找到一些十分精彩的项目案例，这些案例向我们展示了这类体验式的空间是如何设计的。

这是一本非常值得一读的书，本书不仅为大家提供了优秀的体验店案例的研究，还捕捉到了世界范围内的一种全新的购物趋势，为设计师、经销商和消费者们开创了一个全新的创意购物时代。

引言

第1章 什么是体验店?

体验店是一种通过营造良好的购物体验来为潜在顾客呈现商品而设计的销售空间。顾客对这种空间的体验是商品销售的关键,这使得体验店比起那些实际上以更直接的方式定位商品的传统店面来说,绝对是一种更有价值的销售工具。事实上,很多人经常去这种店铺了解和体验各种商品,通过对实体店中的商品进行实际体验之后,再在线上购买。在这些店铺中,顾客可以测试和试用各种产品,看到它们在不同场景下的使用情况。这种体验店通常都是全新的体验与互动的集聚之所 (图 01)。

第2章 体验店的特点

这种基于体验的商店在最近发展成了一种线上购物对应的线下实体店,为传统的商店带来了互动的属性。体验空间实际上是一种新的空间形式,它以高度创新的方式呈现着产品周围的一切,所以已经不仅仅是一家单纯销售产品的商店了。因此,这种商店不仅用来存放与呈现产品,而且更专注于通过体验性的组合来展现出一种氛围,这是以产品自身的主题、风格、活动和其他特征营造出来的氛围。

01 / 家·村落: 安德厨电展厅, 图片由 LUKSTUDIO
    艺作室提供

02 / 阿威罗 AR 葡萄酒专卖店, 图片由 Paulo
    Martins 建筑设计公司提供

03 / Headfoneshop 高端耳机品牌零售店,
    图片由 Batay-Csorba 建筑事务所提供

产品被融合到了金属板和隐藏式的照明系统之中 (图 03)。通过精心地设计布置,可以感受到科技的融合,实现了完美的音效体验。设计师为顾客营造出一个理想的体验式购物空间,在空间中顾客可以测试各种音响产品。其实从传统商店的内部能看到一些变化也很有趣。不过,一般来说,在这种体验式的空间中,物品较少,因为这样可以方便地隔离不同商品,在其周围分别营造出各自的体验式的环境。

不过,有时店铺的空间又会被填充得满满的,给人一种奇妙空间的印象,人们在店铺中挑选和体验产品就像寻宝一样。在 826 瓦

以体验为基础的零售空间和传统的零售店之间存在差异,这些差异可以通过以下几种方式来理解:通常情况下,这种体验式的空间可以让顾客实际体验产品,就如之前所述,在体验之后,顾客可以通过在线购买的方式来购买这些产品。在展现产品及其品牌历史等商品的属性时,体验式的空间通常会设置精心营造的主题,以此分享给每一位到店的顾客。人们喜欢故事,特别是对围绕品牌历史的故事尤其感兴趣。例如,葡萄酒就可以通过这样的理念进行销售。一瓶优质的红酒就像是一件伟大的艺术品,消费者可以将这些酒呈现在类似于艺术画廊的空间中,向人们介绍这个品牌的红酒背后的故事。人们可以在阿威罗 AR 葡萄酒专卖店看到这种模式,它是一个用来展示、欣赏和品尝红酒的白色空间 (图 02)。

加拿大多伦多的 Headfoneshop 高端耳机品牌零售店也是如此。这个店铺空间为耳机的销售打造出以"消声室"为主题的环境,

伦西亚课余辅导中心，设计师创造出了一个充满奇妙幻想的儿童世界（图 04–05）。而在巴西的多彩建筑涂料与家具店中，其展示的产品则是建筑涂料与家具（图 06）。店内没有浓墨重彩的色调，白色的墙壁与地板和各种家具巧妙地联系起来。这家巴西产的建筑涂料通过展示其部分产品，以个性化的方式创造出了属于自己品牌的空间，给顾客以直观的体验。

很多体验店中的收银台或收银机器已经消失或者被其他设备所替代，因为这些功能几乎不再需要。与传统的零售店相比，在这种新型店面中，顾客可以有更多的时间去体验产品。"生活空间 UX"系列智能家居店是一家时尚店，其对产品理念的表达并非在于产

品的设计本身，而在于这些产品所反映出的音频与视觉元素（图07-09）。为了体验这些产品，体验空间中只保留了最重要的产品，其他产品则都被省略，以达到最佳的产品体验效果。在女皇美容沙龙店中，店铺的体验区有可以坐下来放松的地方，在这一区域，顾客可以围绕产品及服务进行亲身体验。然而值得注意的是，顾客在此的轻松愉悦的感受和产品服务之间的确存在着某种间接联系。

10 / 新加坡机器人体验店，图片由 Ministry of Design
事务所提供
11-12 / Kki 甜品和手工艺品店，图片由 PRODUCE 工作
室提供

体验店另一个有趣的方面，可以在各种设置灵活的适应性空间展示中看到。在新加坡机器人体验店中，空间可以灵活变化，以适应不同的活动与用途（图10）。这个理念其实也是目前多功能机器人产品本身所固有的特性。多功能机器人广泛存在于不断发展的各个行业之中，同时也推动着未来的技术进步。有趣的是，当一个空间的"永久性"被破坏时，反而变得更加生机勃勃。

此外，在体验店中，店员与顾客之间的界限也被打破。如今，店员变成了一种为顾客提供指导的角色，他们只需引导顾客并介绍一些

产品，之后则是顾客自己去体验产品。由于他们之间出现了这样一种新的关系，所以不再需要那些物理性的障碍，如前台。因为这里的每个人都在同一个共享空间之内。而且，在这种情况下，人们也可以看到这些引导性的体验展现给大家一种全新的方式。

第3章 体验店的设计

为了创建基于体验的零售空间，首先，需要从产品的功能和品牌历史中收集信息以使空间概念化。空间必须基于顾客对产品的体

验而设计。这将有助于指导设计师在选择颜色和材料时解决不同的视觉性问题，从而为这个体验的空间奠定基调。

一般来说，体验店的目标其实就是让顾客体验最新的产品。这些产品经常被放置在容易被发现的位置，而这种体验式的理念则是通过各种视觉连接以及围绕产品"讲故事"的方式来完成的。完成这些之后，这种产品的基本体验就应该建立起来了。只有到了这个时候，销售的主题才会呈现出来。另一方面，这个顺序其实也可以被颠倒过来，这样顾客就可以在发现之旅中先看到销售的主题，然后再做体验，这未尝不是一种令人心动的过程。

室内设计是这种体验的基础，因此材料、家具摆设、照明设施、色彩以及细节等方面都非常重要。设计师叙述的"故事"则更要在上述元素中加以体现。例如，我们可以清楚地看到 Kki 甜品和手工艺品店（图 11-12）中传达出的"故事"。这里所有的设计选择都与商品本身有关。白色墙体与木制结构带给人们一种轻盈、精致的感觉，这种风格其实也与店里出售的商品有关。此外，简洁的灰色地板像正在销售的那些商品一样光亮整洁，这种环境在某种程度上可以增加体验的气氛。室内的照明较为隐蔽，这样顾客可以更容易地看清商品本身的情况。店内的空间非常宽敞，不像传统商店那样拥挤。货架的布置看起来甚至有点家中客厅般的亲切感。店内布置的细节较为简单，售卖的商品种类不多，摆放也很随意。如果设计师在设计中将这些"讲故事"的各种元素都联系起来，那么他们将创建出一个很棒的店面，并为顾客提供一种相当奇妙的体验。

案例分析

奇客巴士高科技产品零售店

ChicBus Alipay Flagship Store

项目地点 / 中国，杭州
项目面积 / 160 平方米
完成时间 / 2017 年
设计公司 / 零壹城市建筑事务所
摄影 / 艾尔顿（Elton），胡贤娟

为了在科技与生活间建立更紧密的联系，这家零售店将自己打造成了一家高科技产品的商店。设计公司以注重顾客交互与体验的空间为设计策略。通过奇妙梦幻的未来空间与传统的人文情怀之间的对比，设计师在打造各种高科技产品的线下零售店中描绘了未来与传统的碰撞。

作为虚拟世界和现实世界的连接者，这家体验店将规矩的方形场地进行了斜向划分。分割线作为空间的主轴线，将空间分成两个具有强烈对比的"虚拟"与"现实"空间，使它们的碰撞达到最大效果，而且分割线还可以引导顾客进入不同的空间。以从地板延伸到天花板的无形隔墙为界，两边给人以完全不同的科幻与现实的体验。这种界定清晰的分割面是针对不同类型的产品而设计的，一面展示全新的高科技产品，而另一面则展示时尚动感的传统产品。尽管明亮的"虚拟"空间与黑暗的"现实"空间截然不同，但是通过流畅线条的整合却使得这两个空间成为密不可分的整体。

在由浅色矩阵组成的高科技区域内，展柜与四周通透的抛光表面展现出一种"虚拟"空间的未来感。传统产品区大面积铺设深色木板，搭配金属质感的黄铜，形成了质感粗放、工业气息浓厚的"现实"空间。室内照明是根据不同的气氛来设置的。"虚拟"空间的照明设置在顶面矩阵的相交节点，以此强化空间的矩阵关系，并且从整体上塑造出明亮的"虚拟"空间。而亮度骤降的"现实"空间，因采用金属质感的吊灯与暗藏的照明，在深色木材的衬托下，为顾客带来传统的人文情怀交融的空间体验。

01 / "虚拟" 空间

1 "虚拟" 空间
2 "现实" 空间

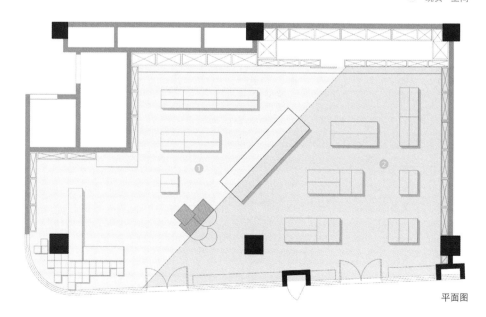

平面图

02 / "虚拟"空间与"现实"空间
03 / 不同空间之间的分割线
04-05 / "虚拟"空间中的各种产品

06 / "虚拟"空间

新加坡机器人体验店

Race Robotics Lab

项目地点 / 新加坡
项目面积 / 243 平方米
完成时间 / 2017 年
设计公司 / Ministry of Design 事务所
摄影 / CI&A 摄影工作室——爱德华·亨德里克斯
(Edward Hendricks)

01 / 外部空间
02 / 手工切割的空心铝管堆叠在一起

室内空间主要用于布置新的机器人设施、开展机器人知识的教育培训工作，促进现有的制造业实现自动化。委托方打算将一系列可互换模块化机器人作为实验室独一无二的主题。受到模块化概念的启发以及人们对精密机器与智能驱动的追求，这个标志性的实验室被设计成了由单个独立部分组成的高科技统一体。

实验室空间需要灵活地展示一系列不断变化的模块化机器人，同时还能用于举办培训和讲座等活动，所以需要将其打造成为一个连续性的开放空间，这样也有助于小型团队进行实训。基于这种要求，设计人员试图营造出一种引人入胜且极具前瞻性的空间体验，以更好地体现工业自动化与精密机器人的理念。

通过电梯抵达大厅后，实验室的空间就以一个生动的"前奏"场景迎接着访客。空间的黑色墙壁上有很多白色线条，它们组成了类似蜘蛛网的效果，在视觉上营造出了一种地面、天花板与墙壁交融一体的空间感。从黑色墙壁的大厅走过，会看到大大的入口，令人印象深刻的金属质感的墙壁出现在访客面前。它与黑色调的空间形成反差，给人一种强烈的视觉冲击。为了使空间具有灵活性，设计师们创建了动感流畅的空间，将天花板和墙壁布置成为一系列令人眼花缭乱的条纹状平面。每个平面都由很多手工切割的空心铝管堆叠在一起，每个较小的平面都通过旋转铝管的方向在墙壁或天花板的大平面上营造出来一种多方向的效果。这个铝制覆层幕墙还可用于遮盖电源、电缆和插座等机电服务性设施，同时也便于进行维修操作。一个个小空间用以展示各类机器人，同时还留有能让人自由进出的检修门，用以维护后面隐藏的服务性设施。空间中随机布置的 LED 灯管照亮了那些颇有前卫美感的多方向的平面。总的来说，这个独特的空间为迎接自动化与机器人时代的来临，为访客描摹出了与高科技相匹配的未来场景。

03 / 内部空间
04 / 服务性设施检修门

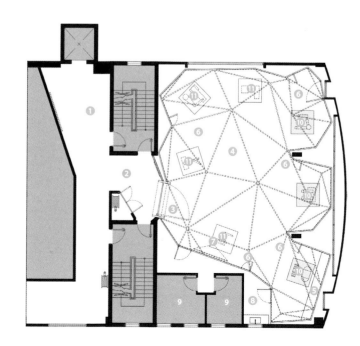

平面图

1 电梯前的大厅
2 入口前厅
3 入口
4 教学、讲座区
5 展台
6 服务性设施检修门
7 投影机屏幕
8 储藏间
9 洗手间
10 机器人展台
11 附加机器人展台

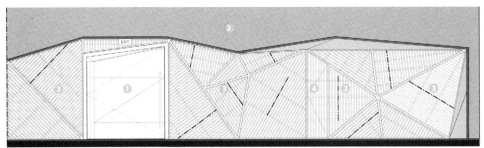

立面图

1 入口
2 天花板空间
3 带 LED 灯条的铝制覆层幕墙
4 服务性设施检修门

04

奇客巴士·驿高科技产品体验店
Chic Bus Stop

项目地点 / 中国, 杭州
项目面积 / 36 平方米
完成时间 / 2017 年
设计公司 / 帮浦设计
摄影 / 周凯

为女性设计的服装店和珠宝店很常见,但很少有人专为女性设计一家科技产品店。由于一些偏见和固化思维的存在,科技产品好像是男人的专属品。但事实上,科技对各个层面的女性都具有吸引力,尤其是年轻女性。设计师为全球女性设计了这样一个"乌托邦"。这家店位于杭州城西银泰的地下一层,虽然只有小小的 36 平方米,但恰好满足了女性对于小巧、精致的要求。店铺的设计灵感来源于"飞翔",设计师希望这只"蒂芙尼蓝色飞碟"可以成为一个"没有忧愁的地方"。

每一位女性都是最特别的存在,正如这蒂芙尼蓝,都是温柔而可爱的。设计师想带领到店的顾客到科技的蓝色海洋里遨游一番。这家店的外形像是一只可爱的蓝色飞碟,呈不规则的带弧度的四边形。店铺的正门一侧是带有弧度的转角,就连转角都是温柔的,上方的奇客巴士商标仿佛是在欢迎顾客来到这个美丽的新世界。另一侧是一个有弧度的入口,仿佛被卷入一只绵软的蓝色瑞士卷蛋糕。顾客可以选择沿着入口绕一圈,也可以径直走向"飞碟"的"主操作台"。"主操作台"的正上方是一个大型的圆形 LED 灯,灯的四周延展出八面自带光圈的圆形镜子,可以满足女性的不同需求,如补妆、自拍和单纯地照照镜子等。

店铺的外围没有墙,四周均用蒂芙尼蓝色板材整齐竖向排列而成,板材之间留出的空隙既可以让光透进来,又营造出了轻松的氛围,同时保证了视觉上的延伸效果。只有入口的对面,板材是横向无缝衔接的,该品牌的商标嵌入到板材之中,强化了品牌的概念。竖向板材像飞碟未关闭的窗户,横向的则像是已关闭的舱门,正等待起飞。飞碟一整圈的中间部分采用透明玻璃作为与外界的隔断,使内外部形成了很好的关联与沟通。没有天花板,只用八根细钢架结合而成,汇聚成中心一个点,四周由两圈钢架固定,就像童话中的城堡屋顶。

01 / 中央展台与上方垂悬的镜子

平面图

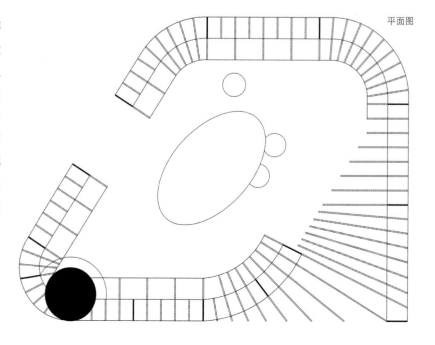

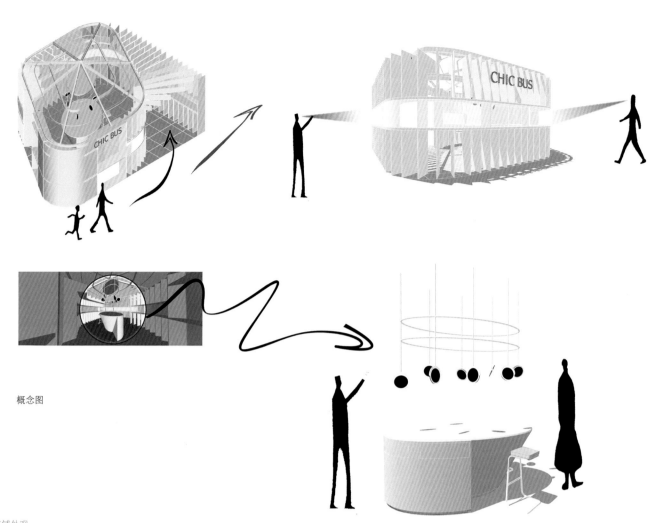

概念图

Headfoneshop 高端耳机品牌零售店

Headfoneshop

项目地点 / 加拿大，多伦多
项目面积 / 28 平方米
完成时间 / 2017 年
设计公司 / Batay-Csorba 建筑事务所
摄影 / Doublespace 摄影工作室

这家店是专为高端耳机、音响及音响配件的销售而设计的。店铺位于一栋 42 层的综合性大厦的主要楼层之中。这家店的老板是一位充满激情的音响专家，他对传统的音频设备零售店的模式发起了挑战，故而特别专注于产品的品质和交易效率，以使店面的营业额最大化。与传统音响店的做法相反，这家店的设计目标是营造出欣赏音乐的仪式感，并专注于各种音频设备的测试过程。

店内私密、昏暗而又舒适的环境，可以为顾客提供一种安静放松的休闲气氛，让他们能放松身心并沉浸在音乐之中。实际上，顾客能花上几个小时的时间来调试音频设备并听音乐，这种情况并不少见。深色的烟熏橡木墙板、人字形木地板、天鹅绒的软装、琥珀色的灯光以及复古的黄铜配件营造出了一种昏暗柔和的色调，使店内的氛围变得颇有情调。经过亚光处理的可折叠金属板，用复古的黄铜螺钉将其固定以包裹店铺的天花板与墙壁，产生动态与身临其境的空间，为顾客带来极好的音频体验。天花板与墙壁表面的这些金属结构在某种程度上产生了微妙的流动性，这种强与弱的结合契合了人体对于情感的感受。

在关注顾客体验的同时，设计师还重新思考了如何优化产品的陈列形式。一般商店中，产品展示系统和建筑是分离的，但在该项目中，设计师模糊了产品与建筑结构的边界。耳机支架与墙面融为一体，越过顾客的头顶，延伸到对面的墙壁上，将商品包裹在其中。弯曲的金属板让店家能以多种形式展示耳机，并且可以很好地隐藏不太美观的导线。

01 / 用黄铜螺钉固定的金属板包裹天花板和墙壁

空间示意图

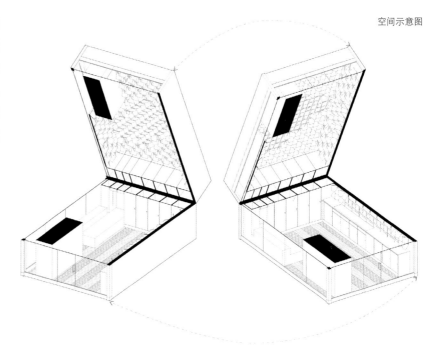

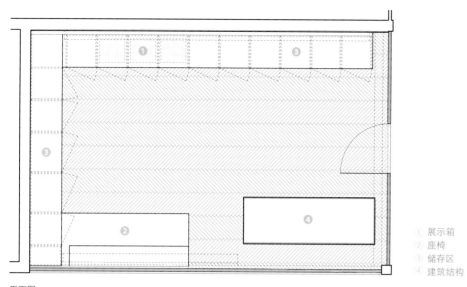

平面图

1 展示箱
2 座椅
3 储存区
4 建筑结构

03 / 入口方向视图
04 / 金属板细节
05 / 展示柜

LittleBits 科技产品店
The LittleBits Store

项目地点 / 美国，纽约
项目面积 / 232 平方米
完成时间 / 2015 年
设计公司 / Daily tous les jours 公司
摄影 / 雷蒙德·亚当斯 (Raymond Adams)

这家店营造出了一种以想象、创新和游戏玩乐为主题的定制化零售体验，它将个体在创新与学习之中的体验转化成大家共同参与的集体体验。这家店可以说是新型数码科技产品零售店的先驱。顾客可以在现场制作完成各种产品，并将他们的发明创造留在商店中供他人混搭展示或购买。商店中的产品都是些令人振奋的电子产品，它们正在悄然改变人们的生活方式。

店内有个区域放置了许多互动式的设施，让人们能够从现有的发明中获得灵感，这个区域就是大家进行发明创造的作坊。在这里，人们可以把自己的作品与别人分享。店内交互式的显示屏展示了一些发明成品及其说明，顾客可以依据这些科学知识在店里或家中创作出自己的版本。室内设有可任意定制的配挂板，它是整个商店用来建立创作主题的重要设计元素。定制的模块化有机玻璃架以及标准大小的配挂板一起被安装到巨型的配挂板上，这个大型的创作板提供了存储、显示及电路板等所有必要的电子功能，人们可以据此搭建出各种创意性的电子设备。而这里其他设施的设计也与之类似，都是设计成多用途和灵活改变的。

这家店是消费者的一间实验室和教室，允许大家对其进行进一步地重新改造，重构对数码科技的体验，甚至对他们周围的世界进行创新性的改进。对于商店的室内设计而言，设计师将商店中的所有东西都视为"模块"，这样可以使店家能够在策划研讨会、讲座、游戏日或任何其他特殊活动中灵活地创建和改造这一空间，或者每次仅需几个小时就可以经常性地重塑出各种购物的体验。该店成为人们发现创新性产品的平台。

01 / 主要产品的展示
02 / 音乐转盘

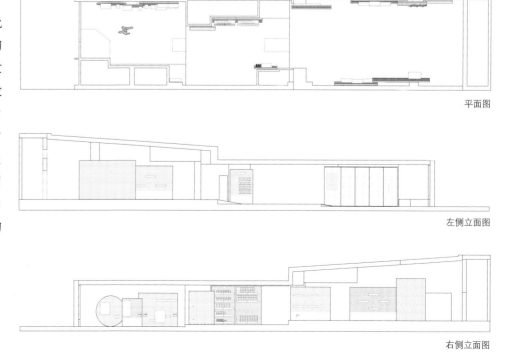

平面图

左侧立面图

右侧立面图

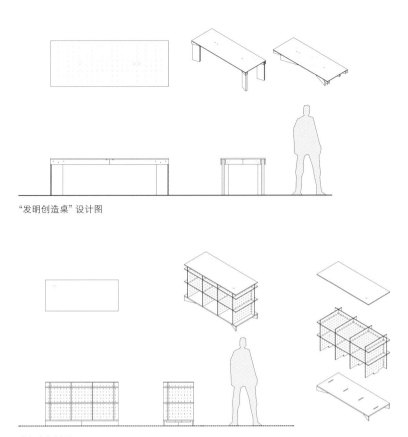

"发明创造桌"设计图

收银台设计图

03 / 入口与带有音乐转盘的巨型配挂板
04 / 创新作坊
05 / 墙上挂着各种配件
06 / 孩子们在进行发明创造

迪莎照明电器设备店

Disha Electrical
and Lighting Store

项目地点 / 印度, 昌迪加尔
项目面积 / 176 平方米
完成时间 / 2015 年
设计公司 / Ardete 建筑设计工作室
摄影 / 坡奈什·德夫·奈汗 (Purnesh Dev Nikhanj)

这家店位于印度昌迪加尔市家电市场的中心。项目的设计目的是不仅要将其重新设计成为高档电器的展厅, 还要将其经营范围扩展到装饰性和户外的照明设备上。这个项目的挑战在于要在不改变环境的情况下重建整个空间。

本项目的解决方案是将空间分成两个区域。前面的区域经营电气设备, 后面的区域则经营装饰性照明与室外照明设备。前后两个区域通过一条通道连接起来, 这条通道充当了缓冲区, 它既是两个区域的分界, 同时又将两个区域紧密地联系在了一起。店铺前面的区域内, 流畅的白色造型与灰色的背景形成鲜明对比。白色造型从天花板开始, 之后从下延伸成为墙壁的一部分, 犹如流动的牛奶在空间中被困住而凝结。此外, 陈列电子设备的木制镶板加入了绿色, 使室内的气氛更加富有生机。连接两个区域的通道中安装的镜子可以激起访客们的好奇心。通道的昏暗与前面区域的明亮形成了极大反差。室内悬挂着造型独特的灯具, 从地面到天花板, 后面区域用黑色来覆盖表面。不规则的之字形造型被用来展示各种灯具固定装置, 摆放在店铺中心。带有动态照明效果的悬挂式光缆一直延伸到整个天花板上, 显得精巧高雅。

天花板采用随意摆放的木制面板, 和以单体灯具作为主要元素的几何图案。为了与空间内的地面相匹配, 家具保持着暗色调。展厅内还设有一间会议室, 配有带背光式水晶照明的织物板。将天花板的白色部分向下移动, 可以变成一张会议桌。

01 / 入口
02 / 有趣的家具与直观的产品展示让店内焕然一新

01

03 / 中间的过道通向远处的区域
04 / "草地"上半遮蔽式的讨论区，其周围有两束从地面延伸到天花板的中空管状物
05 / 壁龛的"绿植"装饰为色调搭配增添活力

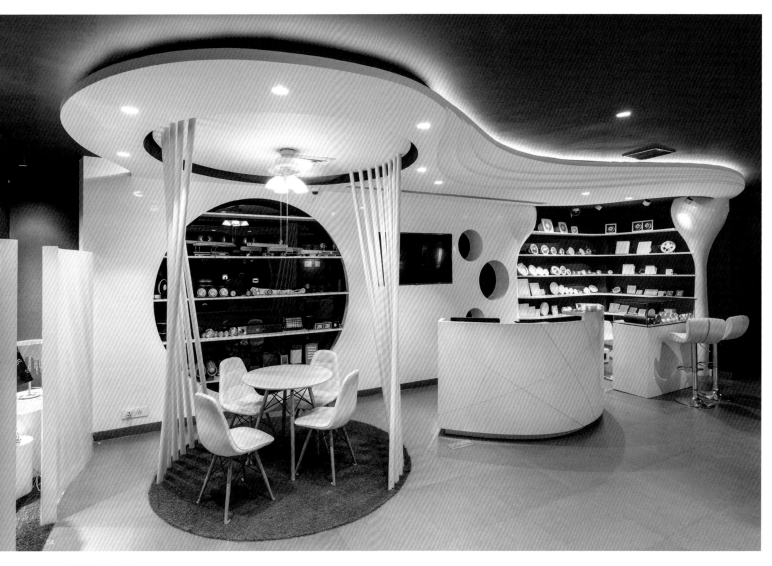

05

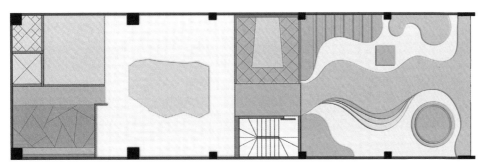

天花板平面图

1　陈列窗
2　讨论区
3　壁灯展示区
4　展台
5　开关展示区
6　风扇展示区
7　装饰性灯具区
8　收银台
9　射灯展示区
10　会议室
11　照明体验中心
12　吊灯展示区
13　室外照明展示区
14　总经理办公室

布局平面图

06 / 较深色调的照明设备展示区营造出一种工作室般的
感觉
07 / 各种展示空间的曲折形式将整个空间自然地统一起来
08 / 店中的每件灯具都被放置于一个重要的位置, 成为
"艺术长廊" 中的一件 "艺术品"
09 / 米色墙壁与深色家具形成鲜明对比

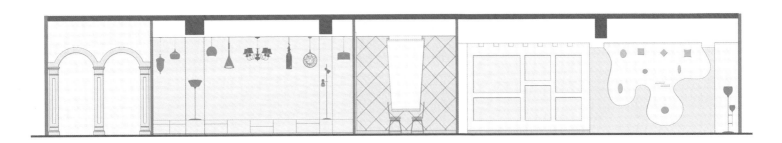

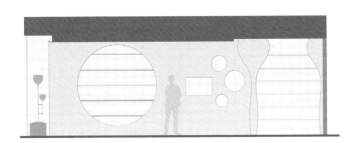

立面图

斯堪的纳维亚 Flos 灯具展厅

Flos Scandinavia Showroom

项目地点 / 丹麦, 哥本哈根
项目面积 / 500 平方米
完成时间 / 2017 年
设计公司 / OEO 工作室
摄影 / 迈克尔·安纳斯特赛迪斯 (Michael Anastassiades),
皮耶罗·里梭尼 (Piero Lissoni), 贾斯珀·莫里森 (Jasper
Morrison), 阿希尔·卡斯蒂格里奥尼 (Achille Castiglioni),
皮耶尔·贾科莫 (Pier Giacomo)

该项目位于哥本哈根一个老工业码头的旧仓库区。该展厅设在旧拖拉机的修理车间中, 它在经过彻底改造后, 营造出了一种风格大胆的全新空间体验, 其国际化的观感使各种灯具产品犹如在舞台的中心一般亮眼夺目。设计公司利用这座建筑自身结构的空间元素来改造室内空间。展厅的整体性与反差性的元素激发着人们的好奇心, 为各种灯具产品注入生机活力, 在建筑照明与家居照明之间建立起一种相互作用与影响的生动效果。

俏皮的雕塑式楼梯既是颇为引人注目的显示性元素, 同时也用来区分这个开放空间内的不同区域。凭借其风格大胆的外观设计, 楼梯可以充当灯具展示的背景, 激发着人们对产品展示的好奇心。该展厅另一个重要的设计元素是"房中房", 这是一个独立的家庭照明展示区。展室内装饰用的砖是由丹麦砖砌制造商彼得森砖业提供的。设计公司精心挑选的砖营造出了完美的对比效果, 很好地突出了灯具产品的特点。展厅内有许多独特的建筑细节, 包括定制的搁架单元和全新的展示系统, 它们提供了一种有趣的灯具产品展示方法。展示系统的设计可以使其以多种方式配置灯光, 完美地营造出精致而富有启发性的空间背景, 实现各种灯具展示的方案。

展厅设计的主要灵感来自这座旧建筑的结构与历史, 如它的单体结构、各种材料的对比以及自然光与人造光的相互作用等。设计师很好地利用了这座老工业建筑的各种空间元素。项目中统一而鲜明的结构对比, 营造出绝佳的光影效果, 这种氛围使标志性的灯具产品成为舞台的焦点, 激发了人们对各种照明可能性的好奇心。

01 / 店铺外观
02 / 对称的展厅布置

剖面图

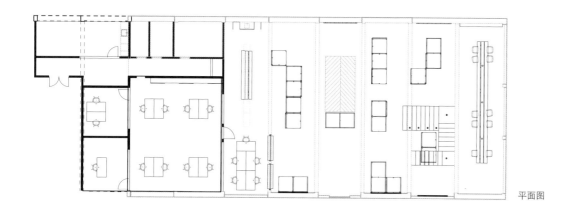

平面图

03 / 吊灯
04 / 室内空间
05 / 落地灯
06 / 展厅中的楼梯

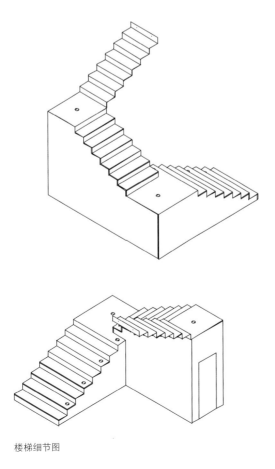

楼梯细节图

贝鲁特 UNILUX 灯具展厅

UNILUX

项目地点 / 黎巴嫩, 贝鲁特
项目面积 / 80 平方米
完成时间 / 2015 年
设计公司 / SOMA 公司
摄影 / SOMA 公司

此地原来的空间为打造具有临街环境的灯具展厅提供了独特的机会。项目的委托方是黎巴嫩最大的高端灯具供应商,委托方要求创建出一个独特的空间来展示该公司出售的照明产品。由于现有主空间的纵深不够,所以设计师有意识地将这个空间的设计超出了墙壁本身的范围,这样可以在视觉上给人以更大的空间感,还能将行人吸引到店中。

怎样才能将一个缺乏纵深的空间变成精致的展厅呢? 设计师们通过将这个空间想象成一个"实体",就能够以令人难以置信的灵活性对这个局促的空间进行精巧的改造工作。这个"实体"被认为要比墙壁的范围大,只能被新的玻璃店面所切割,可以有效的与人行道构成的"第四面墙"接合在一起。根据设计的脚本,这个"实体"以一系列统一的白色立方体的形式体现出来,它们包围了整个空间并统一了整体的风格,以精雕细琢的几何元素创建出了动感十足的空间。在室内空间中,顾客不仅可以与灯具本身进行交互,还可以沿着展厅内部的复杂表面将自己沉浸在美妙的光影之中。

与地上展厅相比,地下展厅提供了更为私密的环境,可以用来展示更多的照明产品。墙壁和地板呈现出高度反光的黑色,而壁龛格架内则呈现出白色,这种反差使每件灯具的特征都会被完美地展现出来。它们在各自的壁龛格架中点亮,发出的光映在地板和天花板上,使整个地下展厅成为有着不同光影效果、颜色各异的"马赛克"拼图。设计师在地面展厅中使用了先进的参数化软件设计工具,这样就可以使这 1000 个白色玻璃钢的立方体被排列开,并且这些立方体能在空间中形成连续的表面结构。这个创新性的展厅甚至也被设计成一前一后的结构,后面单独的酒吧区也无缝地融入了展厅的设计之中。

01 / 灯具展厅的大厅

1 现有建筑物
2 展厅
3 展示间
4 电气室

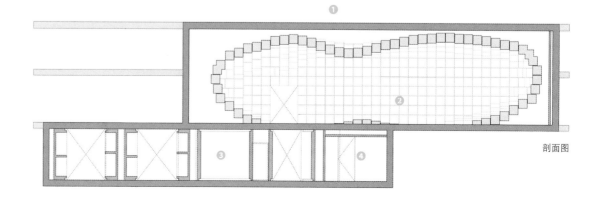

剖面图

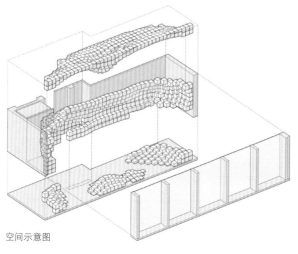

空间示意图

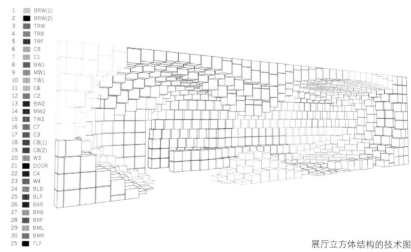

1	BRW(1)
2	BRW(2)
3	TRW
4	TRB
5	TRF
6	C5
7	C1
8	BW1
9	MW1
10	TW1
11	C6
12	C2
13	BW2
14	MW2
15	TW2
16	C7
17	C3
18	C8(1)
19	C8(2)
20	W3
21	DOOR
22	C4
23	W4
24	BLB
25	BLF
26	BAR
27	BRB
28	BRF
29	BML
30	BMR
25	TLF

展厅立方体结构的技术图

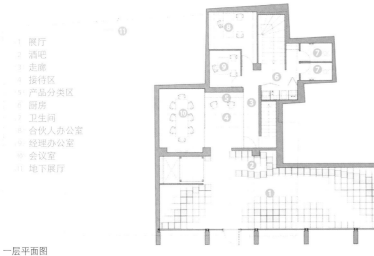

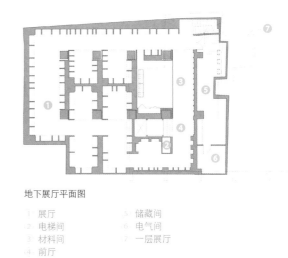

1　展厅
2　酒吧
3　走廊
4　接待区
5　产品分类区
6　厨房
7　卫生间
8　合伙人办公室
9　经理办公室
10　会议室
11　地下展厅

一层平面图

地下展厅平面图

1　展厅　　　　5　储藏间
2　电梯间　　　6　电气间
3　材料间　　　7　一层展厅
4　前厅

02 / 店面
03 / 店内空间
04 / 接待区
05 / 灯具展示间

05

葡萄牙 SERIP 灯具展厅

Portugal SERIP Lighting Exhibition Hall

项目地点 / 中国, 北京
项目面积 / 430 平方米
完成时间 / 2017 年
设计公司 / CUN 寸 DESIGN
摄影 / 王厅, 王瑾

设计师打破传统规则的束缚, 将极简主义、现代和古典等多种风格融合在这个项目的室内设计之中。因为每个空间都有其自身的特点, 所以好的设计属于定制而不是复制。

01 / 展厅入口
02 / 展厅灯箱

房子在一处非常空旷的厂区里, 建筑本身是彩钢瓦的结构, 造价非常便宜, 施工也很粗糙, 并与周围建筑连成一体, 不具备成为独立品牌店应有的条件。当走进这个空间时, 一束光映射到了这个场地, 仿佛在空间中画了一条非常干净的切线, 将其一分为二。正是这一束阳光, 划分了空间, 设计师想到灯的存在会在白天和黑夜有着不同的展示效果, 于是设计师利用这束光将空间"切割"成黑与白。黑区与白区里, 设计师根据产品创造了些人造光, 黑区放置了一些水晶灯, 这样灯本身的价值在空间的光感中被体现得淋漓尽致; 白区则放置了一些造型很好看的灯, 这些以独特手工吹制的玻璃艺术品灯具在这里得到了完美展示。设计师还在空间中增加了些灰色墙体, 使黑白空间各自又形成一个个独立的区域, 用来展示灯具。设计师认为像该品牌这么美丽的灯具应该出现在童话世界里, 所以设计师找来与之气质相符的动物图像, 放入灰色墙体内部, 来营造一个梦幻的氛围。

而在建筑外立面, 设计师用了切片的形式在外立面把整个建筑隐藏起来, 没有再去强化建筑本身, 而是用切片隐藏了建筑主体。白颜色的切片形成了这个园区的主视点, 当阳光洒下来时, 切片根据时间的变化形成的光影也会随之转变。而且这个造型是没有明显的入口的——完全统一的造型, 让整个展厅形成了独立性。

01

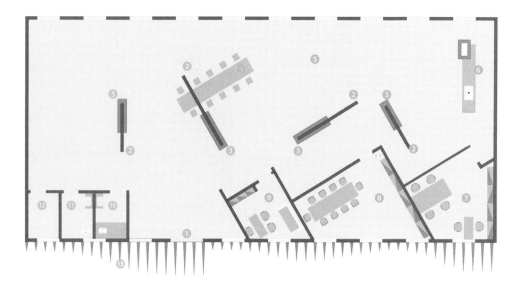

平面图

03 –06 / 展厅内景

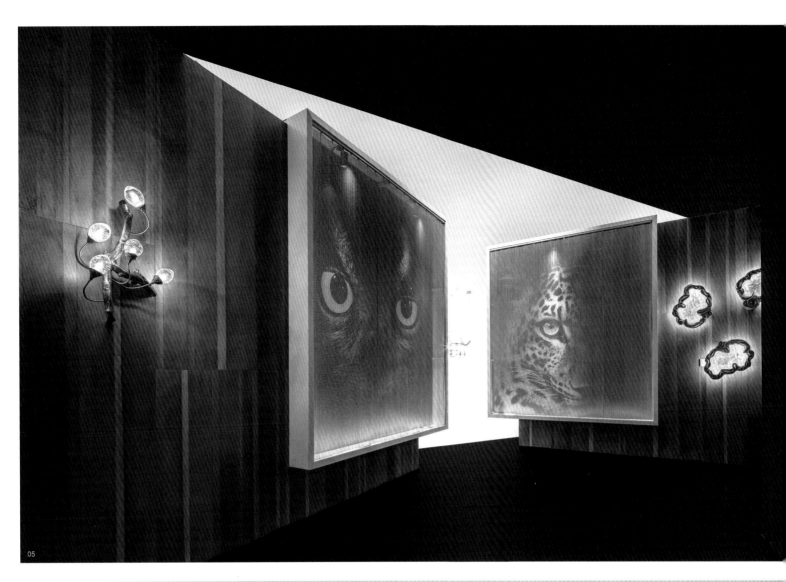

女皇美容沙龙店

Her Majesty's Pleasure

项目地点 / 加拿大, 多伦多
项目面积 / 260 平方米
完成时间 / 2014 年
设计公司 / +tongtong 建筑事务所
摄影 / 丽莎·贝朵 (Lisa Petrole)

01 / 店铺外观
02 / 酒吧

这家店旨在为顾客提供一个集美容院、咖啡厅、精品零售店和酒吧等综合体验于一体的场所。在结构上, 这个空间无缝地融合了多种用途, 淡化了每个区域之间的边界。通过不断重复叠加每个功能区的材料、模式和理念, 该店把整个空间连接到了一起。整体来说, 设计公司采用了比较清新的色调, 为时尚店的主色调选择了白色、浅灰色、深灰色和不同深浅的蓝色。而紫铜色、亮黄色的花旗松胶合板以及石板则为空间内增添了一些温暖的氛围, 同时也进一步突出了主色调。蓝灰相间的地砖铺贴成简洁的图形, 为咖啡厅和酒吧的入口增添了不少活力。

房间的一侧是个看似装修华丽的去处, 但走近一看, 却是有着白色大理石台面的酒吧。一排几何感强烈的铜椅子反射着吧台内凹处的灯光。设计师通过在酒吧的背景墙安装多窗格玻璃和钢制窗框而突出了天花板的高耸。这种处理方式不仅充分地利用了此处的空间, 还使顾客能方便地从酒吧区域进入到沙龙区域。酒吧和沙龙是个镜像, 两个区域内并排悬挂着相同的吊灯, 吊灯的灯头是白珐琅的, 灯杆和灯罩是钢制的。

顾客进店后, 目光会被吸引到这一空间后面的建筑结构当中。作为精品店和美容沙龙的统一体, 整个空间本身就是一个根据建筑结构构建而成的产品及服务展示系统。顾客走过咖啡厅和酒吧就来到了美容院。入口处的酒吧环绕着美容院, 将良好的体验一直延伸到了这个美容沙龙之中, 故而大理石台面又出现在了美甲区。顾客可以在美发后坐在吧台边, 调酒师则在另一侧为之提供服务。位于过道对面的化妆间, 这里是个用剩余空间构建出来的小木屋式的休闲空间, 可以用来在顾客做完美容之后休息或预订一些私人服务。在化妆间的中央, 铜椅子摆放在一个定制的桌子周围, 旁边的格架是紫铜色的, 而地面上则铺着菱形瓷砖。

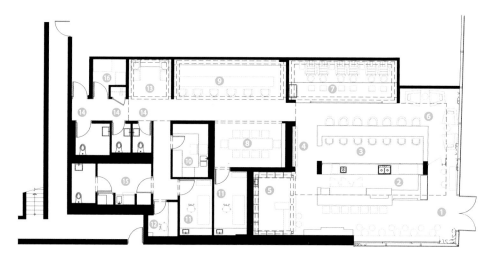

① 入口
② 果汁吧
③ 美容台
④ 选色墙
⑤ 临时便利店
⑥ 休息区
⑦ 美足区
⑧ 化妆间
⑨ 吹发造型区
⑩ 准备区
⑪ 休息室
⑫ 办公室
⑬ 洗头区
⑭ 洗手间
⑮ 员工休息室
⑯ 储藏室

平面图

04-05 / 白色大理石的台面与吊灯

蒙特利尔 Le Manoir 精品店

Le Manoir in Montreal

项目地点 / 加拿大，蒙特利尔
项目面积 / 124 平方米
完成时间 / 2016 年
设计公司 / TUX 公司
摄影 / 马克西姆·布鲁伊莱 (Maxime Brouillet)

这是家颇为前卫的精品店，为顾客提供美容服务与各种时装。为了打造其朝气蓬勃的品牌形象并扩大其零售业务，项目的委托方要求设计公司创建出新的店面布局并升级室内的装饰。设计师想要向顾客传达出一个打动人心、充满希望和有影响力的品牌故事，这也正是该品牌所追求的目标。

这个项目的主要挑战是创造出一个灵活的功能性空间环境，与此同时，还要符合现代人的审美标准，所以既要多功能，还要可定制化。设计师通过采用整体性的设计方法提出了一个多方面的解决方案，该方案融合了经过深思熟虑的新布局与空间组织，以及精心设计的方方面面，并在各处使用了不少饰面精致的木制品。为了展示该品牌的各种多用途产品，该项目平面图设计的背后理念其实是一个开放式的空间布局，而店面的前台则位于该空间的中心位置。这个造型优雅且功能多样的核心结构可作为一个集服务区、等候区与零售空间于一体的空间。天然石材通过打磨抛光为这个空间营造出了一种专业感，从而提升了品牌形象。最终，材料的色调与建筑的细节为人们构建出了一个不落俗套的整体观感，以其内容的丰富性营造出了独一无二的感觉。

自 2016 年底正式重新开业以来，这家店取得了巨大的成功，成为社交媒体用户们最为喜爱的自拍背景。设计师与项目的委托方都希望这个清新而现代的时尚空间能继续成为这条街上自然景观与商业场景中最好的那一部分。

01 / 白色的展示架与桌椅

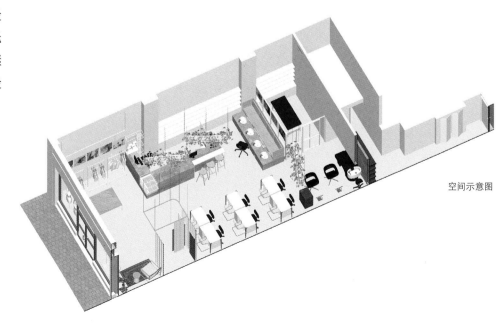

空间示意图

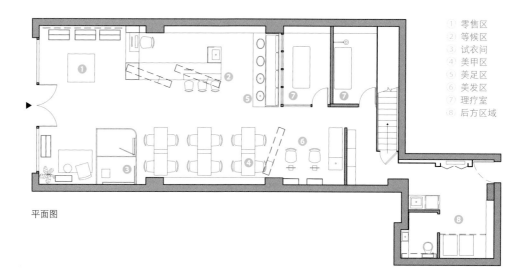

平面图

02 / 店内空间
03 / 接待区
04 / 美甲区

03

04

扎兹精品店

Boutique Zazz

项目地点 / 加拿大，魁北克
完成时间 / 2016 年
设计公司 / Hatem + D 建筑事务所
摄影 / 马克西米·加涅 (Maxyme Gagné)

这家精品店位于加拿大的魁北克省。设计团队参与了这座新旗舰店的战略定位，创造出了一种全新的理念，并为店铺设计了品牌形象和网站内容。这家店是一个让设计师敢于放手在概念和内容上创新而获得设计乐趣的项目。室内设计展现出了富有启发性的女性化环境，使这里充满了少女气息。

精品店通过专柜来展示不同系列的产品，希望能营造出良好的客户体验。店铺的设计理念是围绕头发的线性特征来构建的。这种理念通过定制的链式窗帘，将不同的产品分开，从而创造出了与众不同的特色。这些窗帘也用于夹层楼，保护里面发型师的隐私。从家具到照明设备以及其他独特的店铺标志，每个元素都是定制的。白色、彩虹色、透明度和线性特征等每个细节都经过了详细的分析。各种形状、颜色和纹理都用来突出产品和设计要点，如前台和楼梯间等处的布置就是如此。悬挂式和背光式的家具以及各种陈列品的摆放一直延伸到天花板，而颇有创意的天花板以及镜子则营造出了一种纷繁靓丽的效果。

巧妙的照明设计使顾客可以在整个精品店中感受得到青春活泼的气氛。镜面拱门和全高窗户的精品店，闪亮迷人，十分吸引顾客。凭借着充满强烈的女性气息、色彩鲜艳、富有魅力、极具创意和靓丽等这些特点，这家精品店坚守着对客户的承诺，各系列产品做到了很好的区分，在每个方面都体现出了一种品牌系列产品的协同效应。该精品店为人们明确了建筑设计中的品牌理念，即一个独特而极具辨识性的空间，可以通过建筑设计中各个方面的一致性使品牌价值进一步具体化。

01 / 店铺入口
02 / 店内空间

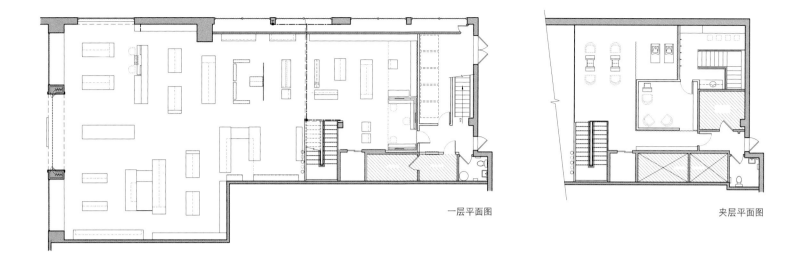

一层平面图   夹层平面图

04 / 楼梯
05 / 商品展示

赞那度旅行体验空间

Zanadu Traveling Experience Space

项目地点 / 中国，上海
项目面积 / 600 平方米
完成时间 / 2016 年
设计公司 / 十上建筑
摄影 / 隋思聪

01 / 店内空间

赞那度是一家线上旅行社，他们为中国高端旅行用户甄选一系列旅行产品，其中包括奢华旅程，也不清楚豪华邮轮等。中国旅游市场目前仍处于初期阶段，许多消费者不清楚何为奢华旅程，也不清楚豪华邮轮与普通邮轮的区别方面的问题。为了给客户解读这些问题，赞那度借助了各类媒体渠道，还制作了各类视频，并拍摄了 360°虚拟现实影片（VR）。这些 VR 视频能够让潜在客户在预订之前先一步体验目的地和酒店。由于 VR 影片上的成功，他们建立了一个线下体验空间，让大家可以借助 VR 来体验他们的旅行产品。

赞那度是一个非常年轻的品牌，这个空间是该品牌的第一个线下体验地，设计师在设计时也考虑到了如何在线下呈现这个线上品牌。该空间是以 VR 技术和 VR 体验为亮点吸引人群。此外，该空间具有足够的功能性，以互动的方式展示热门目的地和旅行产品。考虑到用户需要佩戴 VR 眼镜，故 VR 体验应该是非常私人和安静的。

空间的设计理念为"未来的旅行社"。中国大多数的旅行者是在线上进行预订的。设计师希望赞那度的第一家体验店可以使顾客体验预测未来的旅行预订方式。室内空间看上去像爆炸的像素景观。数字云垂悬在天花板上，数字化的立方体分散在整个空间内。像素的元素代表了品牌的线上属性，完美地融合到了线下环境中。五个巨大的数字风格化热气球造型位于空间中心部分，邀请参观者坐在他们下面的座位，开始一段虚拟旅程。目的地的触摸屏立方体，向顾客展现了不同旅程、产品和目的地的故事。两个投影屏幕和环绕立体声系统，提供剧院般的视听效果。体验店中的一切都可通过二维码链接到客户关系管理系统。

平面图

1. VR 体验区入口
2. 产品展示区
3. VR 眼镜体验区
4. 收银台
5. 海报展板
6. 极致奢华产品展示区
7. 控制区
8. 赞那度商标
9. 投影幕
10. 储藏间
11. 工作人员休息室

▨ VR 体验座椅
▤ 排队号码立方体

02-03 / VR 体验区

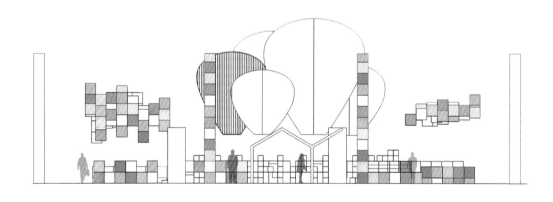

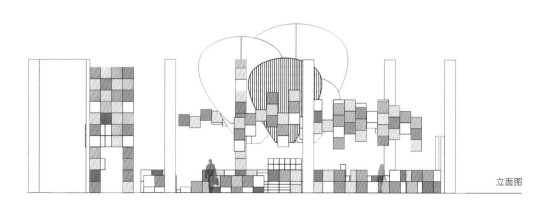

立面图

04 / 产品展示区
05 / 入口
06 / 豪华产品展示区和投影幕

826 瓦伦西亚课余辅导中心

826 Valencia Tenderloin Center

项目地点 / 美国, 旧金山
项目面积 / 483 平方米
完成时间 / 2016 年
设计公司 / INTERSTICE 建筑事务所
摄影 / 马修·米尔曼 (Matthew Millman)

该中心最近在旧金山田德隆区的核心地带开门营业,它目前与一家设计公司合作拓展非营利性项目。该中心在 2017 年度美国建筑师协会 (AIA) 旧金山分会设计奖上获得了社会责任特别奖。

这家拥有独特培训经验的课余辅导中心致力于帮助青少年发展其创造性和说明性的写作技巧,并通过写作帮助教师激发孩子们的创造力。新的中心,广受孩子们欢迎,是一家非凡而充满颠覆性的课余辅导机构。内部空间的交互式构造为孩子们营造出了一个通过创意性写作来进行自我表达的体验式空间。这是一个神奇的课余辅导中心,孩子们穿过中间的门之后,进入到一个装饰成树屋的美妙空间之中,而隐秘的坡道和通道就布置在树屋里。这个课余辅导中心分为许多功能区域,例如办公室、工作室、会议室和休息树屋等。

中心的外墙安装了大大的窗户,使内部空间充满了光线。接待区位于入口处,私有物品可以放置在前台对面墙上的储物柜中。该中心是在这个极其需要课余辅导中心的社区中实现的一个真正的革命性项目。该项目不仅重振和强化了那座原本破旧的建筑,而且它的真正影响力在周边街面与社区的各个家庭中也都能让人们可以感受得到,其创造性的光芒已经开始崭露头角。

01 / 店面
02 / 树屋的"阳台"

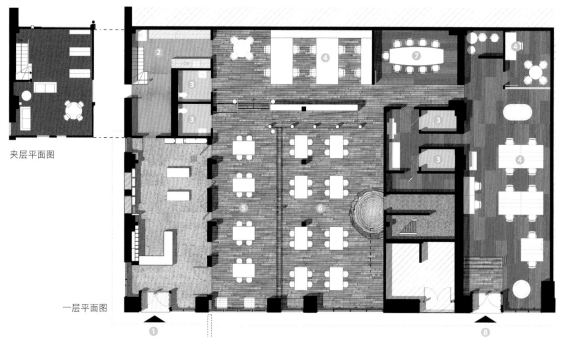

夹层平面图

一层平面图

03 / 入口处的玻璃窗上以各种语言书写着辅导中心的教育文化宗旨

04 / 店内环境布置得既古典又梦幻

05 / 店内的门将零售空间与写作区和工作室联系起来

06 / 孩子们可以通过不同的门进入儿童作坊
07 / 带有森林壁画与树屋的写作区
08 / 孩子可以在这些学习空间中找到自己的乐趣
09 / 读书角与通往树屋的绳梯

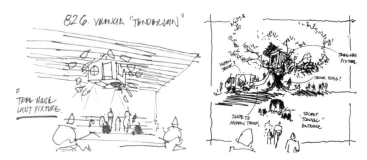

草图

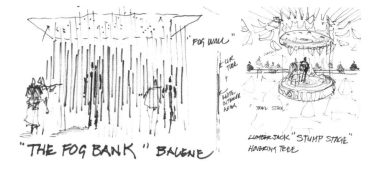

火星大使馆

Martian Embassy

项目地点 / 澳大利亚, 悉尼
项目面积 / 150 平方米
完成时间 / 2012 年
设计公司 / LAVA 公司
摄影 / 布雷特·博德曼 (Brett Boardman),
彼得·墨菲 (Peter Murphy)

这里被设计成了一个犹如时光隧道般的沉浸式空间,一排肋骨状的胶合板配合红色的声光投影生动地体现出来一种"火星式"的感觉。它被设计成为悉尼的"故事工厂",一个专为年轻人服务的非营利性创意写作中心。

项目的设计融合了"鲸鱼""火箭"和"时间隧道",其灵感都来源于与之相关的科幻故事。这个项目的理念是为了唤起孩子们的创造力,所以这种设计起到了触发器的作用,激发了孩子们的想象力。无论是从火星大使馆,还是在街道入口,又或是从充满火星旅行必需品的商店,再来到教室,孩子们在上写作课时总会忘记他们还是在上学,感觉就像进行了一次美妙的星际之旅。设计师采用了一种线条流畅优美的几何形状来融合三个空间,这三个空间分别是大使馆、学校和商店。通过计算机建模并用数控机床切割好的胶合板被嵌套到这三个部分之中,这 1068 块胶合板拼在一起后就像是一张巨大的拼图。设计师利用游艇工业与航天工业的技术,采用肋骨状木板创建出了货架、座椅、长凳、储物柜、柜台和各种陈列设施,这些胶合板一直延伸到地面,在地面上变成了条状的纹理图案。

这种弯曲的胶合板组成了墙壁、天花板和地板,是火星大使馆的一个基本元素。"火星精油"的混合气味激发着年轻人的想象力,同时这个红色星球的声光效果也为这个空间增添了不少活力。"火星护照""外星币""重力罐"和"SPF 5000 防晒霜"等则只是火星商店里出售的"火星制造"礼品中的一部分而已。

01 / 店内空间

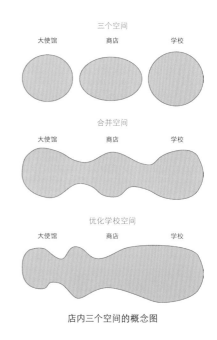

三个空间

大使馆　　商店　　学校

合并空间

大使馆　　商店　　学校

优化学校空间

大使馆　　商店　　学校

店内三个空间的概念图

纵向剖面图

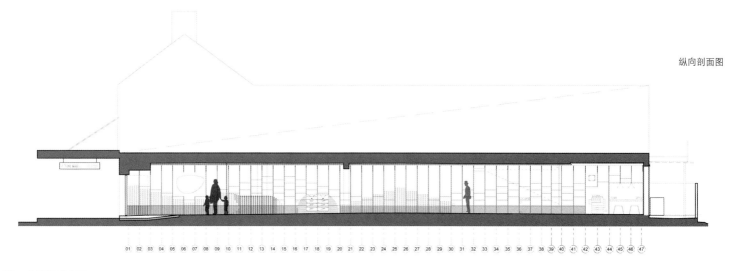

01

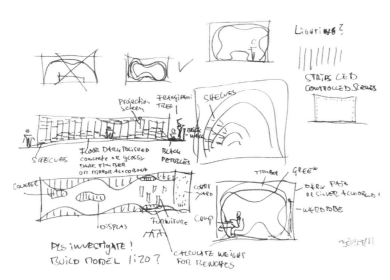

草图1

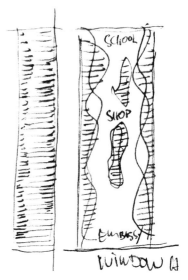

草图2

02 / 形状独特的展示桌
03 / 与传统教室不同的授课区
04 / 全景

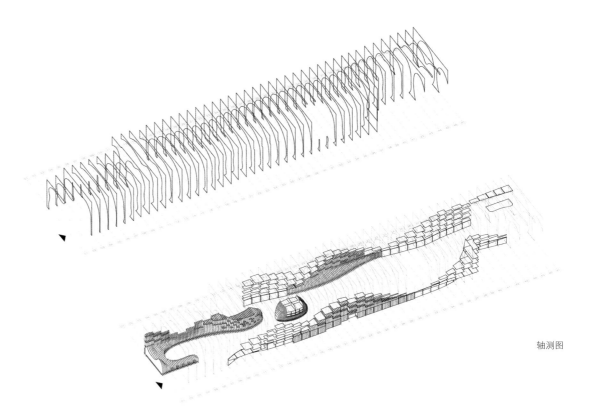

轴测图

奥科麦格酒水专卖店

Alcomag

项目地点 / 乌克兰, 基辅
项目面积 / 205 平方米
完成时间 / 2017 年
设计公司 / Azovskiy + Pahomova 建筑事务所
摄影 / 安德烈·阿芙迪恩科 (Andrey Avdeenko)

该店在乌克兰最大的城市之一第聂伯开业, 它旨在使人们对酒水的购买体验能够更加轻松愉快。首先, 项目委托方希望设计公司先提出这家酒水专卖店的设计理念, 而后选择一个合适的位置建造并调整现有的设计。项目的所有准备工作和室内设计创作都非常迅速, 几周后设计师就开始实施这个项目。该项目的设计使其安装十分容易, 房间实用且符合人体工程学。项目成功实施后, 设计公司又得到邀约, 为该酒水连锁店打造另一个项目, 而这次建设地点则是在乌克兰的首都基辅。

专卖店准备开门迎接那些正在寻找精美酒水饮品的顾客们。设计师营造出了一个舒适的购物环境, 使顾客能在购买商品之后很容易成为回头客。各种货架合理地布置在内部空间中, 使得货品的取放十分方便。为了更好地展示各种商品, 所有商品都可以有序地放置在货架上, 顾客可以任意取放挑选商品。除了高货架以外, 店内还摆放了不少低矮的货架。全景窗附近是品酒室, 顾客可以在购买之前坐下来品尝, 以体验这里的各种产品。

01 / 酒水储藏室
02 / 品酒区

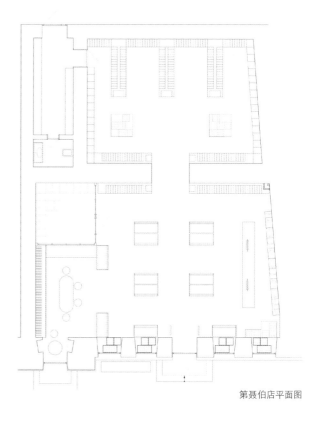

第聂伯店平面图

03 / 酒水架
04 / 品酒区视角
05 / 收银区

06 / 品酒区的桌子
07 / 收银台
08 / 摆放红酒的货架

基辅店平面图

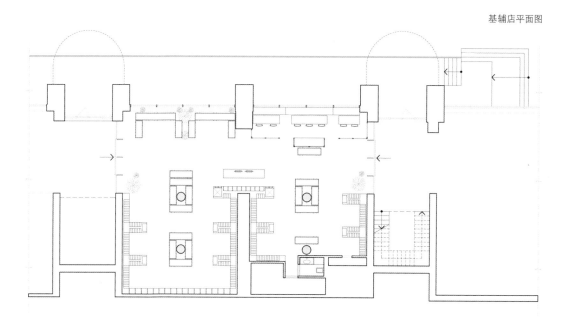

阿威罗 AR 葡萄酒专卖店

AR Vinhos

项目地点 / 葡萄牙, 阿威罗
项目面积 / 70 平方米
完成时间 / 2014 年
设计公司 / Paulo Martins 建筑设计公司
摄影 / 安娜·塔瓦雷斯 (Ana Tavares)

这家葡萄酒专卖店位于一个高端住宅区, 旨在成为一家专营葡萄酒的顶尖品牌店。为了给顾客提供独特的购物体验, 该店非常关注葡萄酒的展示方式。

空间入口处的绿色装饰是对葡萄园的一种隐喻。酒庄的焦点变成了一个流畅的平面, 引导顾客的视线穿过店铺的空间、穿过陈列的酒瓶, 最后停留在吧台。店铺共分为两层: 二层有更多的私人空间, 可以品酒、探讨; 一层则专门用来进行商业销售活动。由于这家店有两层, 因此店内设计重在营造出强烈的空间感和连贯性, 这样有助于形成整齐划一的品牌形象。在一层, 低于街道台阶的位置是接待普通顾客的吧台和酒庄的存酒区, 而二层则专门提供高档酒, 陈年葡萄酒与烈酒摆在同一张桌子上, 使人们可以在这里举行品酒活动, 如简单而又充满个性的品酒会。

该店的设计风格简约朴实, 线条简洁明快。设计特点是一个玻璃平面位于店内中心, 它围绕着整个空间流动。平面将一二层楼这两个互补的空间结合在一起, 而一层摆放的植物增强了这种效果。这个平面的形象通过隐藏的间接照明得到进一步加强, 不仅将店内的各个空间集中呈现出来, 同时一层的吧台和二层的酒柜也一目了然。

01 / 店铺外观
02 / 柜台

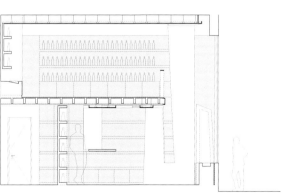

03

03 / 二楼的酒柜
04 / 品酒区
05 / 高档葡萄酒陈列柜

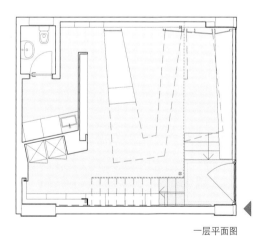

一层平面图

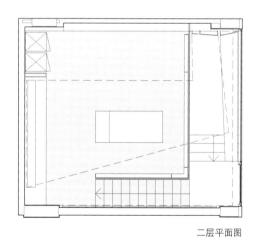

二层平面图

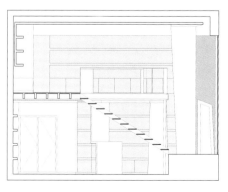

剖面图 1

剖面图 2

04

05

米斯特拉尔葡萄酒实体店

Mistral

项目地点 / 巴西，圣保罗
项目面积 / 127 平方米
完成时间 / 2012 年
设计公司 / Arthur Casas 工作室
摄影 / 费尔南多·格拉 (Fernando Guerra)

01 / 店铺入口
02 / 曲线结构创建出逐渐显露路径的空间

委托方向设计公司提出了建设一家实体店的挑战性要求：这个店面要能够使顾客以一种创新性的方式亲近葡萄酒的世界。店铺的大部分销售都是通过互联网完成的，所以要设计一个能够以休闲方式展示葡萄酒的空间，同时也能吸引新客户和葡萄酒鉴赏家们的到来。

这家实体店的空间相对较小，店内包括销售空间、酒窖、仓库、互动式画廊、阅览室和品酒室等，所以采用曲线形设计是不错的解决方案。而且这样也可以通过整合多样性的元素来进一步唤起人们对葡萄酒的感官认知，让顾客自己去发现每瓶酒的特点。曲线结构创建出了逐渐显露路径的空间，看似悬浮于空中的各种酒瓶沿着这个曲线形状排列开来，木板条墙体的顶部照射下来的背光给这个空间营造出了一种优雅而不同的氛围。木板条墙体的黑色玻璃条带中隐藏了几块显示屏，这些屏幕可以通过放置于每个区域的白色瓶子点亮，以显示出葡萄酒的基本资料。项目以这样的处理方式将所有的技术性设备都隐藏在墙内。一个双层高的酒窖通过自动玻璃门与主走廊分隔开来，它有自己的空调系统来存放珍稀的葡萄酒。而高科技互动式的桌子则用来展示每月精选出来的葡萄酒，每个葡萄酒瓶下面的传感器可以将这瓶酒的相关内容投影到屏幕上面。当扭动酒瓶的时候，就像点击鼠标一样，屏幕上就会出现这瓶酒的产地、生产商的访谈和其他相关信息。

在实体店的后面部分，在一直延伸到地板的木板条之间，设计师用书本创建出一个阅读空间。在空间中，各种酒瓶都以一种令人惊讶的方式呈现在顾客面前。尽管它们无所不在，却没有给人以单调的感觉，因为这些酒瓶已然变成了环境之中的纹理。葡萄酒拥有极其多样化的口感和故事，所以在探寻一瓶葡萄酒内涵的过程中会存在着多种可能性，这也是这个项目的设计出发点。该项目的创新之处就在于设计师试图将建筑结构、葡萄酒产品与相关信息以及交互性等元素集合到了一个单一的实体店之中。

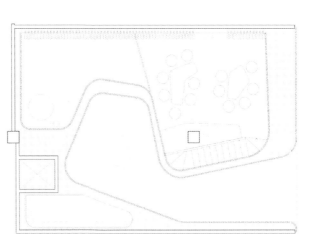

一层平面图

夹层平面图

洛基·庞德酒庄品酒室

Rocky Pond Winery
Tasting Room

项目地点 / 美国, 华盛顿
项目面积 / 186 平方米
完成时间 / 2016 年
设计公司 / SkB 建筑事务所
摄影 / 本杰明·本施奈德 (Benjamin Benschneider)

这家酒庄旨在通过全新的设计提升人们对酒庄历史以及葡萄酒的认知。品酒室则是这里进行品酒、放松和举行庆祝活动的高级场所，同时也反映出本地农业文化的朴素风格。

为了再造这个空间，设计师将现有的外墙进行了改造，将半封闭的小庭院与室内合并。休闲座椅的布置以及采用的天然材料和色调搭配提升了访客对葡萄酒的体验。这个空间是一个定制的青灰色品酒室，地面是松木地板。在品酒室的对面是由建筑师设计的一张图画，图画是勃艮第地图与葡萄园照片的融合。这件图画作品是设计这座酒庄的灵感来源。

品酒室墙面上的松木、地板上的橡木以及天花板上的天然杉木等材质的涂料均优先采用了中性的色调。而酒吧的酒柜则是由深色漆的白橡木构成的。设计师通过采用一组可折叠的墙体，打造出了一个小型的品酒与用餐区，而这些墙可以隔离出一部分空间，从而在区域内留有私密空间。小型的餐饮厨房、卫生间和地下存储区位于酒庄的后面。私密的品酒区旁边的墙上镶嵌了一排玻璃橱窗，里面展示了酒庄中各个葡萄园的土壤与葡萄藤的样本，讲述着葡萄转化为葡萄酒所需的自然过程，让访客知晓葡萄酒的酿造需要特殊的土壤与气候。

01 / 入口与室外休息区
02 / 青灰色台面的酒吧

03 / 品酒室方向视图
04 / 整个空间的座位布置
05 / 洗手间与室内后方视角
06 / 墙上镶嵌的玻璃橱窗里展示了葡萄园的土壤与葡萄藤

平面图

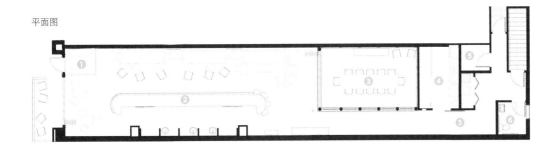

1 入口
2 品酒室
3 私人品酒室
4 长廊
5 储藏室
6 卫生间

莱希穆特葡萄酒商店

Showroom Albert Reichmuth

项目地点 / 瑞士，苏黎世
项目面积 / 130 平方米
完成时间 / 2010 年
设计公司 / OOS 公司
摄影 / 克里斯汀·穆勒 (Christine Müller)

这家专门为卖酒、品酒以及举办各种红酒研讨会而设计的商店希望能够通过其独特的布置来吸引顾客和路人的注意。其室内设计的重点是要展现出摆放在一起的大量木制的酒箱。有些酒箱一直堆放到天花板，使得店内的空间像洞穴一样。

这些木制包装箱不仅装有葡萄酒，同时也是建筑元素以及商店环境的一部分。它们以网格模式排列，可以作为放置葡萄酒和书籍的台面，也可以当作座位区与桌面展柜的平台。大多数法国葡萄酒在这个空间中并没有刻意突出它们特定的历史、文化和出产地风貌等元素，而是按照不同的地理区域放置于不同的分组之中。紫红色的前台位于室内的中间位置，与酒箱的木黄色形成了鲜明的对比，这里可以为顾客提供葡萄酒咨询服务。天花板上的灯具照亮了酒瓶，同时也将它们自身融入到了这些酒瓶的陈列展示之中。

销售区域的对面是一个带有小厨房的空间。这部分用作接待室，可容纳 15 人，人们可以在这里品酒、举办红酒研讨会。这里的空间布局虽然延续了销售区域的样子，但是酒箱的数量从这里开始逐渐减少，所以空间显得较大。红酒仓库也进行了一些改造。这座建筑的外观被涂成了浅色，墙壁上也书写上了新字，它们与企业形象结合在一起，融入到了室内的景观之中。

01 / 店铺门面
02 / 商店与附近的环境融为一体

平面图

03 / 可作为前台与红酒咨询台的柜台
04 / 紫红色的前台与酒箱的木黄色形成了鲜明的对比
05 / 可以举办红酒研讨会的接待室

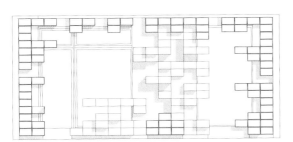

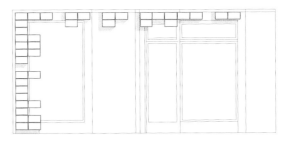

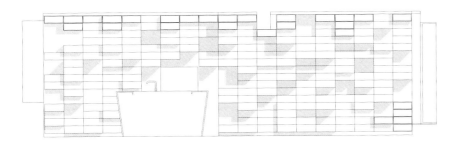

木制酒箱的剖面图

Vinos & Viandas 葡萄酒专卖店

Vinos & Viandas

项目地点 / 西班牙, 巴利亚多利德
项目面积 / 35 平方米
完成时间 / 2017 年
设计公司 / Zooco 工作室
摄影 / Imagen Subliminal 建筑摄影工作室

01 / 店内空间

该店的设计以一系列拱门状的木质结构为特点, 它能使人想起古老的地下酒窖。设计师们将这些拱门状的结构作为设计的主题, 其实是对木制酒桶、葡萄酒瓶和旧时拱形酒窖的一种隐喻。并置的拱门状的板式结构在空间上从垂直和水平方向定义了整个场地。设计师将该店打造成为一家特色鲜明的红酒专卖店, 人们可以在此四处浏览, 并品尝陈列在此的各种精制葡萄酒。

设计师精心选材以能够极大地展现这家店在葡萄酒领域的丰富经验。为了完成这个空间的建造, 这里有必要提到几种不同的材料。这个项目中用了三种材料: 木材用于构造出肋骨状结构的系统, 以隐喻酒窖中的那些木桶。石材则用于铺在地面上, 暗指那些古色古香的酒窖。而镜子则是用来反射店中的方方面面, 在这些圆镜子中变形夸张的影像看起来似乎像某种液体流动一样, 让人浮想联翩。

这个空间的设计理念来自于人们熟悉的旧式葡萄酒的世界。在对红酒屋的想象之中, 人们会回忆起很多以前酒窖的模样。因此, 设计师试图以各种圆形的结构来构造这里, 将传统的酒窖以抽象化的形式表达出来。圆形的形状在葡萄酒领域的许多方面中体现得都很明显, 比如木制的酒桶、葡萄酒的酒瓶以及古老的酒窖。因此, 设计师将这个能吸引人们进入红酒世界的圆形主题作为了本项目的基本设计理念, 在横纵两个方向上并置了几个圆形造型, 营造出了一个空间, 以构建一些专卖店所需的场景, 如柜台、品酒桌和展示空间等。专卖店中弯曲的结构源自这个狭长空间中的一系列拱门造型, 而这些造型就如同以前的酒窖一般, 能唤起人们对过去地下酒窖的回忆。

① 入口
② 折叠桌
③ 柜台
④ 酒窖
⑤ 厨房
⑥ 卫生间

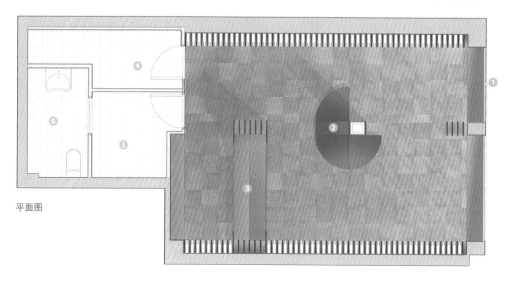

平面图

02 / 入口
03 / 木制的拱门结构
04 / 折叠桌

05 / 造型独特的红酒展示区

剖面图

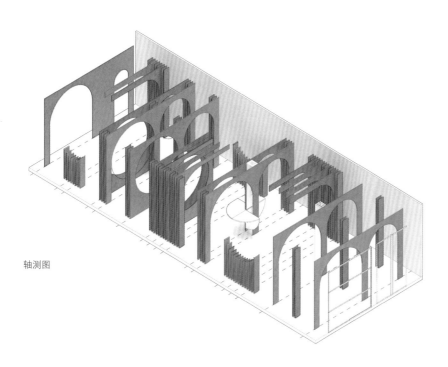

轴测图

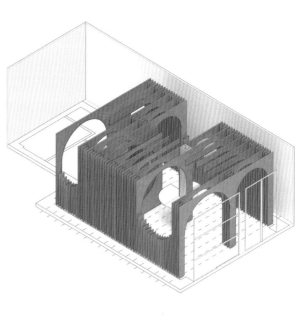

06 / 红酒展示架上的镜子反射出店中的红酒
07 / 展示架的细节
08 / 店中的柜台

橡木板红酒商店
Oak Panels Wine Shop

项目地点 / 荷兰, 鹿特丹
项目面积 / 200 平方米
完成时间 / 2016 年
设计公司 / AAAN 公司
摄影 / 塞巴斯蒂安·范·达默 (Sebastian van Damme) ,
阿德里安·范·德·普勒格 (Adriaan van der Ploeg)

这家店位于鹿特丹市中心。四层楼的商店已被改造成了一个现代而温馨的空间, 商店的墙面和桌面等处是激光雕刻的橡木板。

狭长的空间两侧有两面带有壁龛、橱柜和便利设施的壁橱的墙。酒盒就放在壁橱的内部, 而壁橱中间的大型凹口可用作陈列 300 多种各式各样的瓶装葡萄酒。储藏室、卫生间和办公室等服务性区域都隐藏在了墙体的后面, 这样在整个室内就形成了宽敞通透的空间, 顾客可以在这里把注意力放在美酒之上。壁橱上覆盖着橡木镶板, 上面刻有世界各地知名酒庄的标志。陈列葡萄酒的凹口后墙是由源自 17 世纪荷兰东印度公司 VOC 造船厂的旧砖组成的。

这家店由四层组成: 地下室、一层、夹层和二层。除主零售空间之外, 店内还设有小酒吧、厨房、品酒区和酒窖。酒窖光线较暗, 散发着一种迷人的魅力, 而其他楼层则明亮宽敞。从外面射入的日光经过了仔细整合, 使店铺入口与后部夹层之间取得了巧妙的平衡。

这里所有家具都是定制的。在酒窖中, 两个装满细砂、长长的黑色陈列柜里装着各种特级葡萄酒。一个集成了收银机的酒柜放置于一楼。小酒吧被设置在夹层上以作品酒之用。二楼有些桌子的桌面上刻有葡萄酒产区图, 在客人较多的情况下, 这里可以作为主要的品酒区。

01 / 店面
02 / 橡木镶板的细节

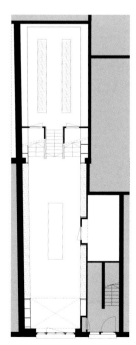
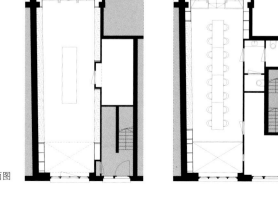

平面图

01

05

03 / 店内空间
04 / 二层的品酒区
05 / 酒窖

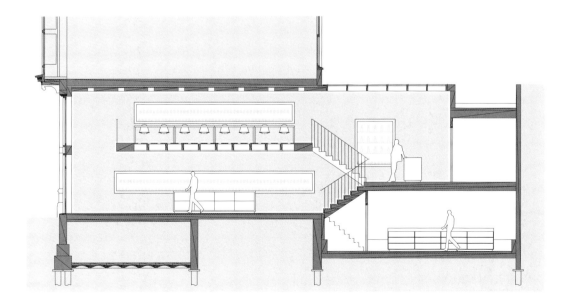

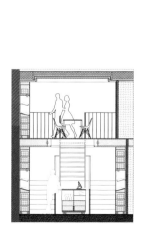

阿托派克斯办公家具体验店

Artopex Store

项目地点 / 加拿大，蒙特利尔
项目面积 / 1115 平方米
完成时间 / 2015 年
设计公司 / Lemay 公司
摄影 / 克劳德·西蒙·朗格卢瓦 (Claude-Simon Langlois)

01 / 入口
02 / 店内超大的木制楼梯

该项目的原址是著名的加拿大皇家银行总部。在空置了超过 25 年之后，这座标志性建筑重获新生，为加拿大的一个办公家具品牌提供了反映其形象和价值的展示空间。

该项目的建设目的不仅仅是展示产品那么简单，它形象且立体地显示出了该办公家具制造商的历史与特点。设计的最终目标是保留这家公司的历史记忆，突出其现有产品的优异品质。而地域概念是整个室内设计理念的核心主题。从入口处开始，各式各样的魁北克风景图广泛分布在地下两个楼层之中，引导着访客通过这个空间的不同区域。魁北克的城市、工业与自然景观将这个办公家具品牌对社区与环境的承诺转化为公司文化核心中的两大价值观。背景图的像素化处理为其要展示的东西做出了独特的贡献，它营造出的散焦效果将人们的目光吸引到各种产品之上。

从一开始，设计师就面临着两大挑战：壮观的新古典主义风格立柱使得前门变得相形见绌；而展厅则处于地下室，因缺乏自然光线而受到了不小的影响。为了应对第一个挑战，设计师竖立起一个巨大的 LED 动画屏幕来吸引人们的目光，并以各种照明效果使入口充满活力。为了解决第二个问题，设计师在地面上挖出了一个大开口，超大的木制阶梯可以作为举行会议的场所和展示空间，同时自然光也可以照射到下面的楼层。不同区域的布置通过结合各种照明效果而营造出不尽相同的氛围，大大增加了顾客对各种办公家具的体验，使得这个新空间成为展示创新产品的绝佳场所。通常，这里的家具展示效果与营造的氛围密切相关。

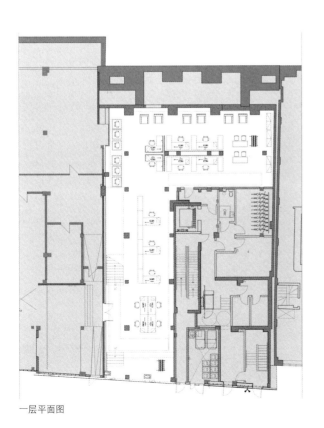

一层平面图

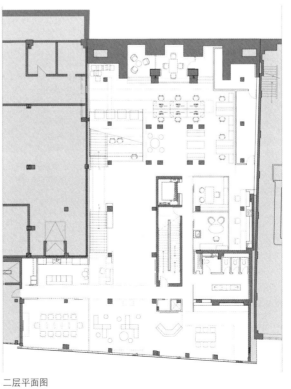

二层平面图

07 / 工作区
08 / 展示区
09 / 协作空间

多彩建筑涂料与家具店
COR Shop

项目地点 / 巴西, 巴西利亚
项目面积 / 180 平方米
完成时间 / 2017 年
设计公司 / BLOCO 建筑事务所
摄影 / 三上春夫 (Haruo Mikami)

展厅位于巴西利亚一座购物中心的地下停车场内。这家店是巴西品牌建筑涂料的展示厅, 也是展示家具设计师保罗·阿尔维斯 (Paulo Alves) 作品的场所。此外, 店内空间的设计足够灵活, 可以用来举办各种派对与活动。

设计师使用各种颜色将室内的不同功能区域连接起来, 从而将抽象的颜色概念转化成为空间中触手可及的事物。空间内一系列白色的墙主要用于家具展示的背景, 这些白墙根据店铺入口处的一个投影点来进行定位。因此, 从特定的角度来看, 展厅看起来像是由一系列墙壁、地板和天花板构成的有序空间。这一特定的投影点用一个白色圆圈来做标记, 该圆圈位于入口处前面的黑色房间内的地面上。然而, 当顾客进入展厅时则展露在顾客的面前。颜色表面的界限是由特定的视角来确定的。随着顾客在店内行走到不同区域, 顾客可以进入不同颜色的展示空间。

01 / 店内空间

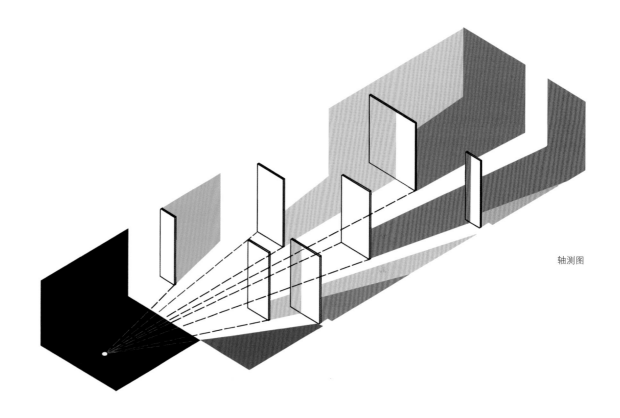

轴测图

VERDITE

PAPOULA

VERMELHO
AMOR

CORTINA DE TEATRO

APA

01

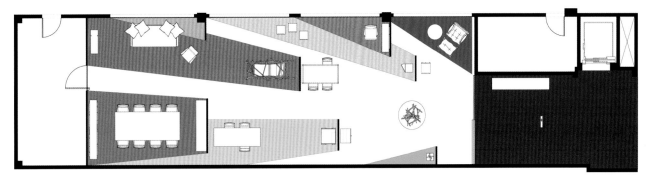

平面图

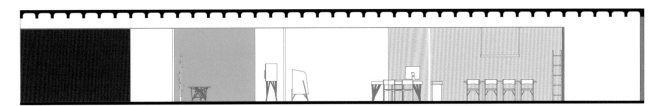

剖面图

05 / 家具展示的多彩背景
06 / 朝向背景的视角

巴西 Fernando Jaeger 家具庞培亚店

Fernando Jaeger Store—Pompeia

项目地点 / 巴西，圣保罗
项目面积 / 605 平方米
完成时间 / 2013 年
设计公司 / SuperLimão 建筑设计工作室
摄影 / 马埃拉·阿卡亚巴 (Maíra Acayaba)

这家店的理念一直以来都是追求易于使用、永不过时的设计，它的家具产品非常适合批量生产，同时也保留了很多传统工艺。费尔南多·耶格尔是第一批在工业家具生产中使用次生林木材的专业人士之一，而现在，他们使用不同类型的原材料制作各种家具。目前，这些店每月平均销售 2300 件家具，设计师本人也经常被邀请参加国内外的各种活动和项目。项目的委托方想要建造一个零售空间来吸引顾客的注意力。

委托方要求建筑结构要保持原样，而且必须保留原来的嘉宝果树(一种典型的巴西树种)。设计师接受了委托方的要求，并邀请了一家工作室来打造这个家具店的项目。原有的结构被保留了下来，并且通过增加新的元素来完成翻新改造的工作。项目的突出特点是宽大的窗户、高高的天花板、可欣赏风景的后院、20 世纪巴西著名建筑师丽娜·柏·巴尔蒂 (Lina Bo Bardi) 设计的作品以及令人惊叹的嘉宝果树。这些东西原本也是这个场所的显著特点，因而也更加促进了这里的大部分原有事物得以留存。为了更加美观，房子原来的墙壁被拆掉，而地板则被保留下来。整个空间让顾客倍感舒适，在这种环境中散步和交谈成为他们的一种美妙体验。

通过安装三个大型折叠门，家具店增加了一种迷人的格调，也将室内与院子融为一体。这家店中包括了一些工业现代元素，如电控排水槽、金属结构阳台、大铁门和混凝土地板等，而且打造出的现代化空间与原有的那些元素显得非常和谐。

01 / 店内空间

平面图

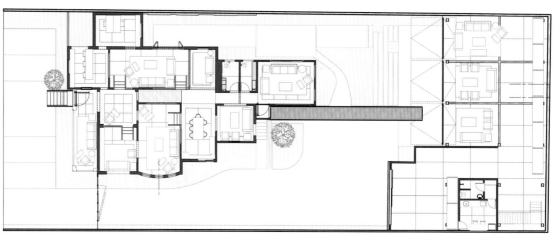

02 / 店铺入口
03 / 后院
04 / 入口处的产品展示

正视图

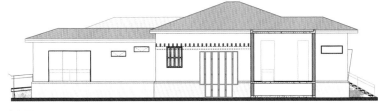

左视图

后视图

右视图

05 / 不同层的室内展示空间

05

06

07

08

剖面图 1

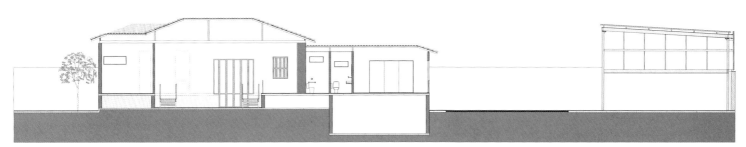

剖面图 2

巴西 Fernando Jaeger 家具莫埃马店

Fernando Jaeger Store—Moema

项目地点 / 巴西，圣保罗
项目面积 / 600 平方米
完成时间 / 2015 年
设计公司 / SuperLimão 建筑设计工作室
摄影 / 马埃拉·阿卡亚巴 (Maíra Acayaba)

新店有三层，一楼和二楼陈列各种家具产品，地下是停车场和装卸区。设计的目的是为了打造一个能够展示费尔南多·耶格尔 FJ 系列产品多样性的大型家具店，同时它也可以成为一个灵活的空间，能够展现这个品牌的沿革与发展。

为了展现该品牌家具的突出特点，设计师为这家店面设计了颇具特色的外观。店铺外立面的表面看起来像美丽的龟背竹，给人一种天然的感觉。龟背竹这种植物因为生长环境的不同，会导致其大小和颜色也各不相同。设计师之所以设计出类似于龟背竹的店铺外立面，是因为设计师想通过这种植物的特征来暗示该品牌家具产品的多样性。这一造型营造出了一组光线和阴影，使家具店的室内变得更加动感。此外，在晚上，它还能使室内的光线透射到街上，凸显出家具店的形象，将其变成了一盏"城市之灯"。

从入口处朝店内看去，通过开放式的入口，客户可以看到空间的深度。家具产品根据室内空间的结构进行摆放，有些体积较小的产品则摆放在店内两侧货架之上，充分利用了室内空间来展示产品。设计师在店铺的后面建造了一个棚架结构，使之成为店内与室外之间的过渡区域，这样就增强了店铺的深度感，其整面植物墙还把绿色植物引入到了店内。桁架和松木质地的天花板是上层楼面的标志，而这些元素与定制的家具相呼应，在精心布置的环境中形成了一个整体，一起呈现在顾客的面前。而室内的金属结构作为项目照明设计的基础，也可用于各种电气装置的安装。

01 / 店面
02 / 室内空间

03 / 高大的产品展示架
04 / 入口处的产品展示
05 / 产品展示

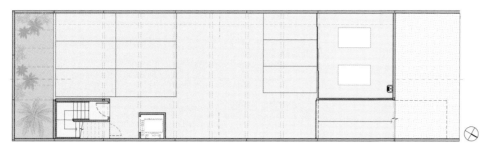

二层平面图

一层平面图

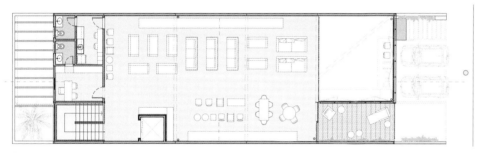

地下层平面图

06 / 家具展示
07 / 连接室内外的空间
08 / 平台上的家具展示
09 / 洗手间

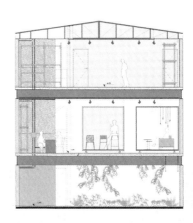

横向剖面图

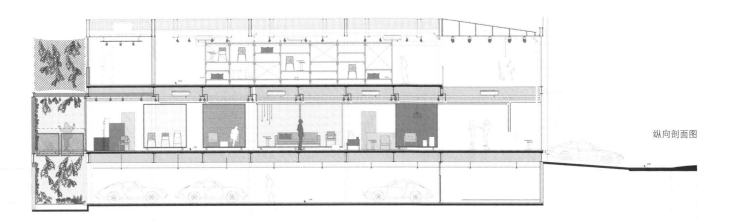

纵向剖面图

里约卢米尼灯具店

Lumini Rio

项目地点 / 巴西，里约热内卢
项目面积 / 312 平方米
完成时间 / 2014 年
设计公司 / mk27 事务所
摄影 / 雷纳尔多·寇舍尔 (Reinaldo Cóser)

01 / 店铺外观
02 / 店内空间

这家店是专为销售灯具与照明系统而设计的。设计师并没有将各种灯具放置于枯燥乏味的环境之中，而是为照明产品营造出了一种环境，使顾客进入该环境中，就如同进入到了温馨的家庭空间之中。这也是设计这家灯具店的前提所在。

灯具店的外墙采用了巴西本地的木材，这些木材是巴西现代及殖民地时期建筑的传统元素。这些材料过滤了外部的光线，使灯具店的内部亮度变暗。这样，店铺内的顾客就可以更好地看到每件灯具展现出的效果。室内空间中的玻璃墙和木格子可以保证顾客的视野，所以木质材料并不会影响顾客与室外的视觉联系，而它们同时又维持了墙面的统一性。除了大型的展示空间外，店铺内还有两个封闭的较暗房间，它们成为产品的销售空间，用来展示各种灯具和一些特殊的配件。此外，店铺内还为员工设计了限制外人进入的行政办公区。

店内体验区摆放着各种产品，这一区域不仅可以充当展示产品的背景，还为顾客提供了体验照明效果的空间，这样能促进员工与顾客之间的良好沟通。顾客可以在展览空间的舒适照明环境中体验各种灯具产品。这家灯具店寻求营造出一种舒适感，其实这也是这些灯具产品本身的显著特征之一。所以，店中大量采用天然材料。营造不同环境的策略也增强了店内展厅的多功能性，因为随着新产品的推出，这个空间就需要重新布置。该灯具店将居家般的舒适感传递到了这个商业空间之中。

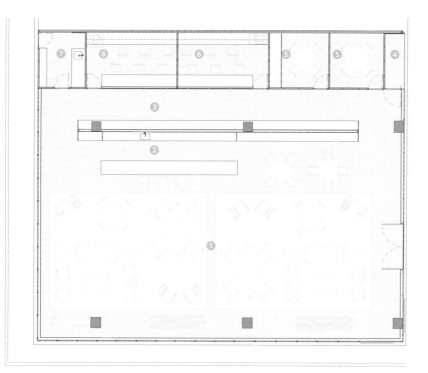

平面图

① 店内空间
② 吧台
③ 走廊
④ 陈列柜
⑤ 样板间
⑥ 办公室
⑦ 厨房

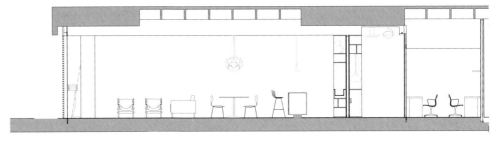

横向剖面图

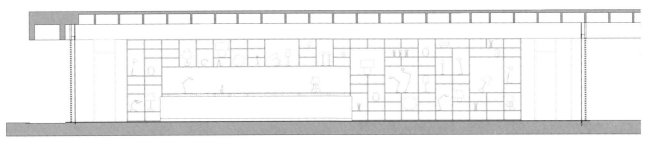

纵向剖面图

04–05 / 会谈区与展示区
06 / 店内夜视图
07–08 / 用于休息、会谈及展示的家具

lumini

正面视图

lumini

侧面视图

诺曼·哥本哈根家具展厅

Normann Copenhagen Showroom

项目地点 / 丹麦，哥本哈根
项目面积 / 1700 平方米
完成时间 / 2016 年
设计公司 / 诺曼·哥本哈根设计公司
摄影 / 诺曼·哥本哈根设计公司

当这家店开启了诺曼·哥本哈根的全新展览之门时，设计师将设计重点放在了展厅的质感与触感上。新的组合式旗舰店与展厅呈现出了独特而大胆的设计理念，它真正抓住了这个品牌的精髓这是一种用各种对比鲜明的材料营造出的原生态与现代派的组合风格。环氧树脂、钢材、反光玻璃和彩色亚克力可以满足更多有机性元素的摆放。老电影中的经典细节被精心复原出来，泥灰造型和浅浮雕与翠绿色天花板和浅灰色墙壁形成了一种迷人的反差效果。在长长的门厅里，一排长长的沙发贯穿了整个大厅。这些沙发彼此相连，色调从珊瑚色到深红色，再到浓郁的金色接连渐变，温暖的毛绒沙发与冰冷的金属大厅形成了鲜明的对比。荧光灯之下，这条迷人的"隧道"通向展台，将这个空间与大厅连接起来。在沙龙的中间，有一个金属质地的通道通向艺术长廊。粉红色的毛绒地毯覆盖着楼梯，一切都沐浴在粉红的色调之中。

新展厅的独创性在第二次展览中得到了强调。当新展览开幕时，其重点放在了纹理和触感上。特有的长入口处摆放了 Form 家具系列的椅子。展厅中的产品形成了诱人的五彩家具森林。展厅长长的通道中，楼梯上铺着地毯，引导着访客前行。展厅中最大的一面墙被涂成了彩色条纹，柔软的条纹地毯向外延伸。

第三次展览的展厅将访客带到了金光闪闪的展台前。此时正值诺曼·哥本哈根新展览开幕，这也是这个独特的概念性展厅的第三次展览，展厅每六个月会进行一次彻底的重构布置。在这次转变之中，展厅原来的柱子与拱门被移除掉，使这里变成了一个完全开放的空间，这样可以为展品腾出空间，而展厅内耀眼的黄色 T 台则成了产品的展台。

01 / 墙壁的条纹与条纹地毯相匹配

第二次展览的展厅平面图

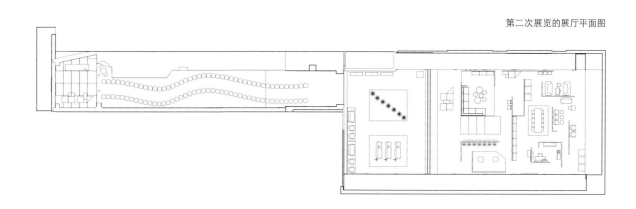

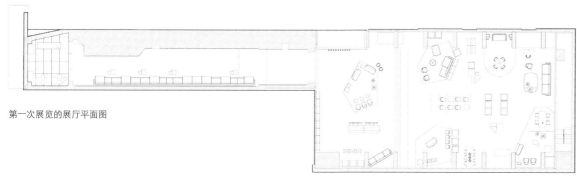

第一次展览的展厅平面图

07 / 可见和不可见构造之间的有趣交流形成了一种
不变的主题
08 / 多种颜色组合的椅子摆放在门厅通道内
09 / 展厅内摆放着精心布置的家居展品
10 / 粉红色艺术长廊中的椅子
11 / 巨大的迷宫式的空间取代了原来的电影院礼堂

10

11

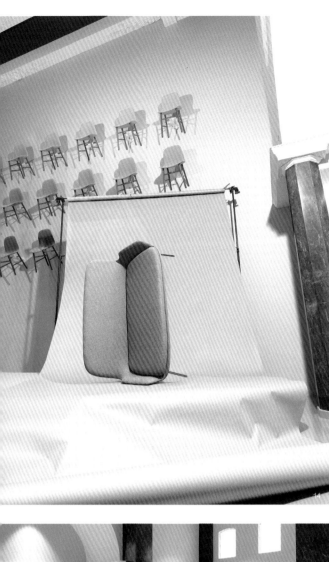

12 / 艺术长廊变成了诱人的金色洞穴
13 / 时尚界的 T 台成了这里展台设计的灵感源泉
14 / T 台的主题
15 / T 台上放置着巧克力色的天鹅绒沙发
16 / 家具与配件堆放在展厅之中

第三次展览的展厅平面图

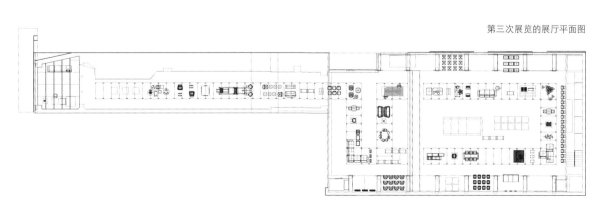

奥林匹亚瓷砖石材展厅
Olympia Tile & Stone Retail Showroom

项目地点 / 加拿大，多伦多
项目面积 / 3437 平方米
完成时间 / 2015 年
设计公司 / II BY IV 设计公司
摄影 / 希尔·佩帕德 (Hill Peppard)

01 / 收银台
02 / 定制的长凳

奥林匹亚作为瓷砖与石材行业的领跑者，其品牌在北美乃至全球范围内对同类产品的造型款式与设计要求方面都具有很大的影响力。如今，他们的旗舰展厅占据了整栋建筑的空间。设计师采用来自品牌自身产品线的天然石材，创造出了风格大胆的现代时尚空间，其设计则参照了艺术长廊和高端零售店方面的元素。项目的委托方对这个项目的要求非常直白：创建一个新的旗舰店，并使之成为多伦多规模最大、设计最完善的全方位瓷砖分销商。

虽然委托方的最终目的是要打造这座城市中最为壮观的展厅，但现有空间的改造还是存在着诸多的挑战。在确保没有牺牲客户体验或折中设计意图的同时，要确定将资源分配于何处始终是一个巨大的难题。为了创造出生动的效果，整个展厅内都使用了黑色与白色的饰面。亚光黑的墙壁上挂有各种白色的独立式配件，而黑色瓷砖地面上则放置着一个白色大理石的收银台，头顶则是黑色的天花板以及反复出现的白色灯带槽。这种黑白色调搭配出来的反差效果极其强烈，可以使各种产品成为展厅中的"明星"。这种搭配的另一个好处是营造出一种强烈的空间感，为首次到访展厅的消费者提供了直观明晰的参观路线。

考虑到这个空间的大小与委托方的高要求，设计师决定在设计装修期间仍然保持开放。为了这个目标，设计人员与施工团队一起工作，制定了一系列详细的时间表，针对展厅的各个区域进行了一系列的阶段性施工。设计团队还与项目客户密切合作，以确定影响最大的区域，并根据该区域对客户体验的重要程度而投入相应的资源。通过采用这一策略，设计团队就能够创造性地、务实地实现他们的创意愿景。

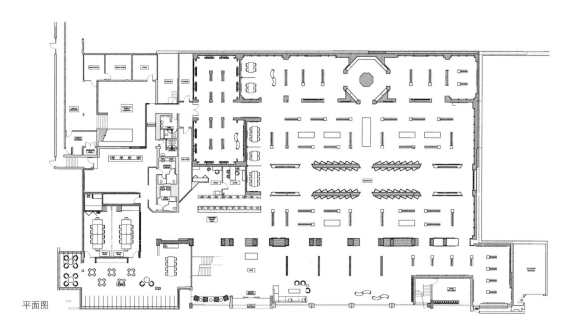

平面图

03

04 / 收银台背景墙细节
05 / 收银台
06 / 镶嵌在立柱上的展示瓷砖

TOG 家具旗舰店

TOG Flagship Store

项目地点 / 巴西，圣保罗
项目面积 / 2108 平方米
完成时间 / 2015 年
设计公司 / TRIPTYQUE 公司
摄影 / 里卡多·巴塞蒂 (Ricardo Bassetti)

设计师将这家店设计成为多用途的空间，店铺空间的功能类似于社交中心，以此来推销意大利 TOG 品牌定制家具的设计理念。这个空间看起来就像一台可改变形状和尺寸的机器，店家可以根据不同的目的，来布置店铺的室内空间。

01 / 店铺外观
02 / 店内空间

店内的一些元素，看起来颇具工业风格，如粗糙的混凝土梁和裸露的管线。而有些元素看起来很普通，如植物、地毯和颜色各异的椅子。不过，正是这种反差才将不同的功能同时放置在这个仓库式的空间之中。由于店内以洁白无瑕的色调为主色，这样的室内环境在视觉上缺少其他的颜色，所以需要一些物件来点缀，于是就在室内放置了一些植物，提醒人们现在正身处于一个热带的都市之中，大自然也是这个城市空间的一部分。为了使设计的实施既简单又经济，设计师还利用了一些现成的空间结构以及已有的功能。

原来墙壁的粗糙和全新地板的光滑形成反差，灯具悬挂在天花板裸露的混凝土梁之上。这个项目旨在让空间中各个有机的部分都可以根据需要进行改变。店中各区域之间没有墙壁，所以布置整个区域的电气系统非常容易，而利用各种玻璃制品也有助于实现这个空间的多种用途。

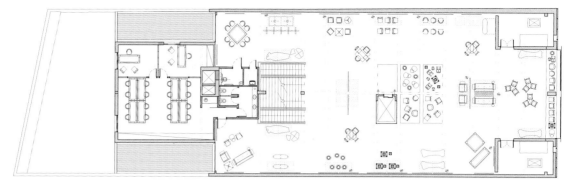

二层平面图

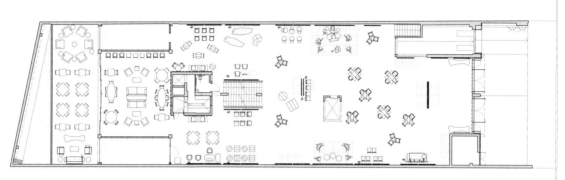

一层平面图

04

03 / 楼梯连接着上下两层楼
04–05 / 白色空间中五颜六色的装饰与家具

05

新加坡赫曼·米勒家具店

Xtra's Herman Miller Shop-in-shop

项目地点 / 新加坡
项目面积 / 842 平方米
完成时间 / 2016 年
设计公司 / PRODUCE 工作室
摄影 / PRODUCE 工作室，XTRA 设计工作室，爱德华·亨德里克斯
(Edward Hendricks)，CI&A 摄影工作室

这家店位于新加坡滨海广场，连续的帆布织物造型贯穿整个场地，引导访客从低矮的入口一直走到高大的玻璃幕墙前。该结构由胶合板制成。

Xtra 是一家新加坡的多品牌家具零售商。这家店铺的设计理念符合零售商希望在一个空间中展示赫曼·米勒全线产品的期望。为了体现品牌形象，设计师将轻盈温暖的胶合板材料与采用创新技术的工作椅结合在一起。设计师从赫曼·米勒的主打产品及其设计流程中学习到的解决方案旨在为该店开发出一种柔软多孔的"皮肤"。设计师将最初用于塑造适合人体的织物技术应用在胶合板上。帆布织物造型的各个"突出"及其各自的角度决定了这个形状封闭时的最终曲率。在"突出"部分的汇合点采用圆形切口，使胶合板弯曲而避免造成撕裂。在组装时，这个结构形成了自然波状的表面，非常像拉伸起来的织物。

该项目最具挑战性的部分是从平面图案绘制到三维建模的过程。计算机模拟和物理建模的结合有助于实现这个造型理想的曲率。胶合板的弹性是"皮肤"成型的主要因素，并且必须重新校准"突出"部分的角度才能适应这种胶合板材料的任何变化。与传统的室内设计和施工技术相比，这种基于造型构件的设计过程要求项目的各个阶段都要具有更高的连续性以及相应的同步规划。这种织物的木结构大大延伸了胶合板结构的应用边界。

01 / 主入口
02 / 店内空间

03 / 织物的木结构充当可拉伸胶合板的系统
04 / 连接展厅与咖啡厅的区域
05 / 拱状结构
06 / 织物木结构的细节

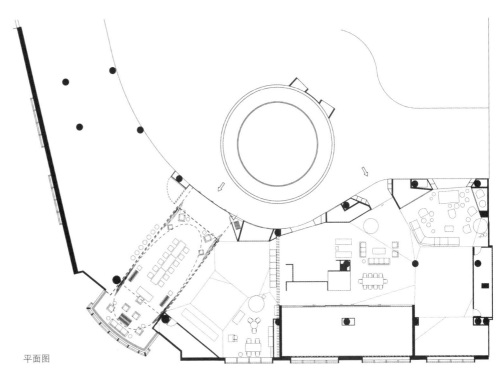

平面图

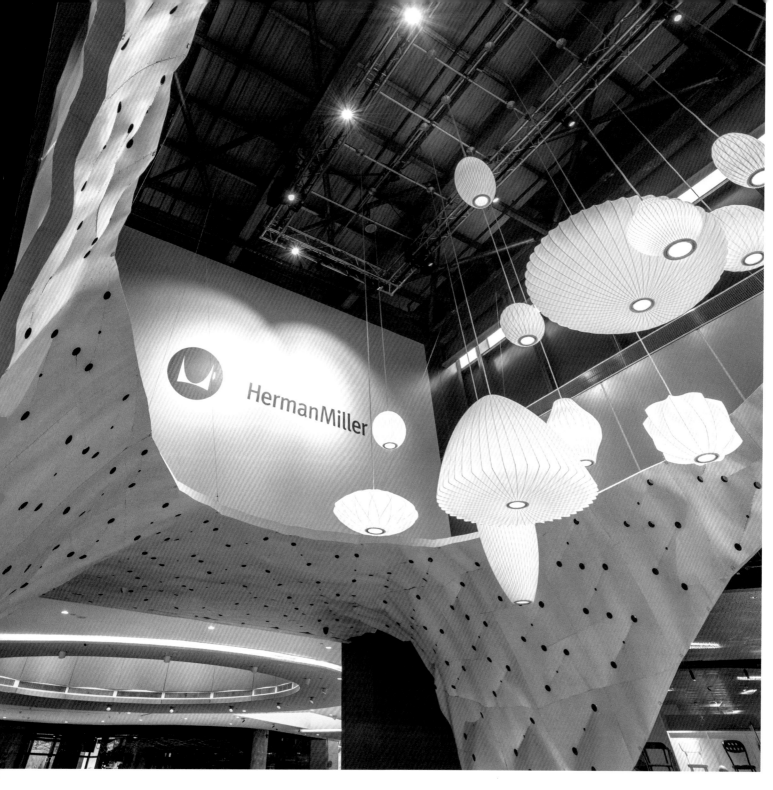

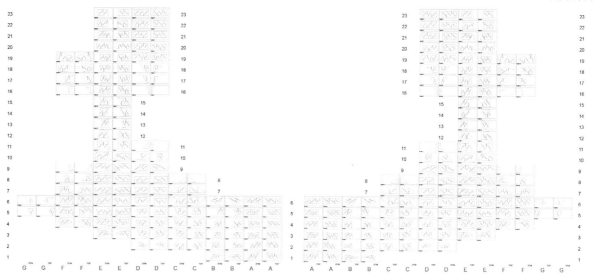

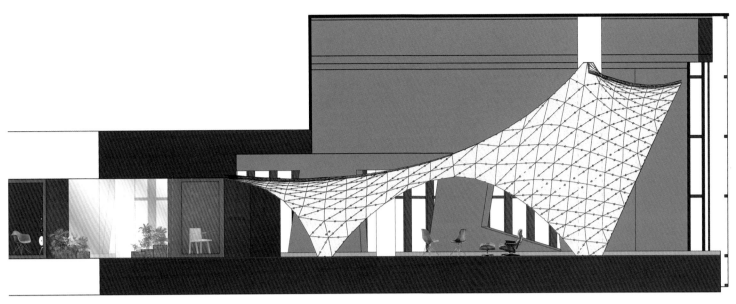

剖面图

07 / 墙上赫曼·米勒的商标
08 / 织物木结构的自然褶皱与起伏效果

"生活空间 UX" 系列智能家居店
Life Story

项目地点 / 日本, 东京
项目面积 / 100 平方米
完成时间 / 2015 年
设计公司 / AXIS 公司, id 公司
摄影 / 俊太郎 (bird and insect 公司)

该店专为展示索尼公司根据其新的概念 "生活空间 UX" 而制造的新型智能家居产品而设计。项目的设计理念并不是突出产品本身, 而是将产品融入到店面空间中, 通过图像和声音等为消费者创造出一种全新的体验。

为了实现这个理念, 这家店的内部空间被设计成白色, 这也是日常生活中的基本背景色。店里的地板、墙壁和天花板无缝连接, 使这个生活化的场所与顾客之间的关系变得更加亲密和自在。这家店的空间用令人印象深刻的设计来诠释 "生活空间 UX" 的理念, 同时也可以使顾客能轻松自由地进出商店。来到这里的顾客可以从任何地方进出商店, 这也与产品的理念高度吻合, 顾客可以在任何地方都能接触并使用店里的各种产品。这里的立面很有特点, 外墙砖的图案置于一个大窗户上, 可以阻挡阳光直射并保持商店内部的亮度。而在窗户上安装了垂直百叶窗, 而不是窗帘, 这样可以保证店中的生活空间与家庭影院区域的光线更暗些, 也有助于更好地展示产品。

为了凸显店内每个房间的特点, 项目的设计重点是如何放置家具和各种物品, 而不是对地板、墙壁和天花板进行特殊处理或改造。这种设计相当符合产品的理念。在这里, 图像和声音的变化可以改变人对这个空间的观感。不过, 这个设计也是对这家智能家居店实现产品表现最大化和装修装饰最小化目标的最具挑战之处。

01 / 店铺外观
02 / 客厅视角

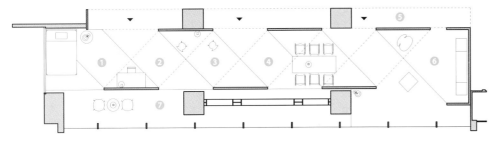

平面图

03 / 卧室区视角
04 / 客厅和家庭影院室视角
05 / 餐厅

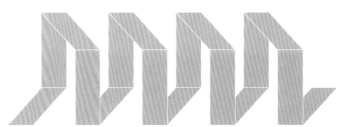

示意图（空间）

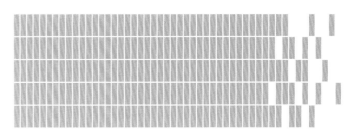

示意图（窗）

马德里 VONNA 厨房展厅

VONNA

项目地点 / 西班牙, 马德里
项目面积 / 240 平方米
完成时间 / 2016 年
设计公司 / PYO 建筑事务所
摄影 / Imagen Subliminal 建筑摄影工作室, 米格尔·德古斯曼
(Miguel de Guzman), 罗西奥·罗梅罗 (Rocio Romero)

01 / 店铺外观
02 / 室内空间

这个项目是以"距离感"理念, 即新旧结构之间的距离、材料之间的距离、空间之间的距离、物体之间的距离以及时间之间的距离为基础而建造的店面翻新项目。设计师和项目的委托方希望能为这家店的顾客提供更好的体验。

这个项目的新旧两个区域是分开的。展厅的外立面加装了钢框, 钢框上安装了展厅的橱窗。透过橱窗玻璃向店内望去, 能看出这座建筑原有的结构。经过改造后的展厅还保留了一些原来的特质, 但仍然做了不少改变。室内的改造体现在各处的施工、组装和细节之上。木器放置在远离街道的位置, 并在室内空间中欢迎顾客的到来。这些纹理细腻的材料远离了没有表面装饰的旧空间以及人来人往的街道, 顾客可以在此挑选各种橱柜的材料。用来定义内部展厅位置的大理石基座向着街道方向倾斜, 邀请人们进入到展厅内参观。对原有建筑材料的改造重点是恢复它们的"总体"品质。原来的水磨石瓷砖被打磨擦亮, 吊顶被拆除, 露出了灰色的混凝土骨架部分。棚顶表面未经处理, 露出了原来吊顶中吊杆的印痕。

在展厅的主空间中, 新材料通过连接件连接到了原有的材料上, 如入口橱柜的大理石中的黄铜型材、隔断支撑中的木条以及展示墙的松木立柱中的金属锚杆等。该项目在同一空间中存在两个反差鲜明的新旧主题, 为人们揭示了这样的一个空间: 这是一个某些区域外表有点粗糙的临时性空间, 其风格是根据旧建筑的一些遗存结构而构建出来的。

01

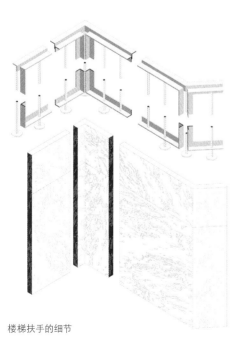

楼梯扶手的细节

带橱窗的展厅轴测图

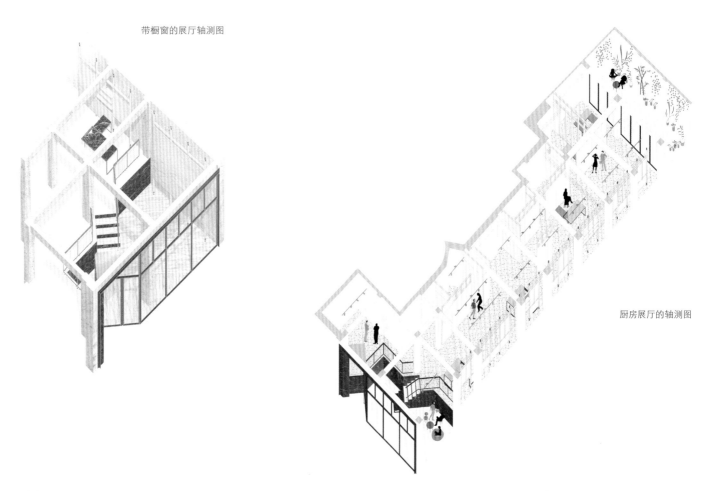

厨房展厅的轴测图

03 / 展厅主空间的楼梯
04 / 展厅的主空间
05 / 工作区

家·村落：安德厨电展厅

Arda Showroom

项目地点 / 中国，浙江
项目面积 / 1000 平方米
完成时间 / 2017 年
设计公司 / LUKSTUDIO 芝作室
摄影 / 洛唐建筑摄影，映社动态影像传媒

厨房是家的心脏，在厨电品牌安德的展厅设计中，设计师试图以"家·村落"的概念营造空间。厨电产品在四个不同的"家"中展示，再加上其他体量各异的"屋舍"：特殊展厅、烹饪教室、贵宾室和一个多功能花房。设计师在原本压抑空洞的办公楼间层植入了一个厨电"村落"。

01 / 从过道望向展厅

一池浅水映着绿墙，简洁的灰白色体块使入口的多媒体室从背景中跳出，利落贯穿展厅内外。左侧是巧妙利用洗碗机喷头形成的一组涌泉，右侧长窗可以一窥花房的美景。由此进入到主展厅。涂抹着糙面灰白色涂料的"屋舍"错落有致，石板巷道将它们有机地串联起来。不同的设计定义了屋中不同的气质，有简洁现代的白黑厨房，也有由木材构成的暖意厨房和经典美式风格的厨房，恰如不同的家有各异的气氛。通过仔细推敲各个"屋舍"的体量和位置，并创造门窗洞口和巷道庭院，视觉被多层次地联系起来，给访客带来步移景异的漫游体验。石板巷的那头，一个拱形的红砖构筑物从安静的房屋群中跳出。受启发于传统的火窑，这个用以展示烤箱历史的特殊展厅给"村落"带来了空间体验上的多样性，形成一个有趣的对比。紧邻着它，可移动的门扇与烹饪台使厨艺教室成为功能灵活的大空间。伴随从侧面窗户透进的盎然绿意，沿着长长的走廊步入贵宾室，开放式厨房的台面连接着长桌，用以款待贵客；白洞石与胡桃木材配合细致的内凹壁龛，赋予空间娴静雅致的气氛。大开口的木墙洞邀请来客拾级而上，来到旅程的最后一站。

把人造的屋、巷、庭院，与自然的水、光、植物结合；从厨房到一个家，再到精心构建的一个具有丰富层次的微缩村落。这个设计带来了展示空间的另一个可能性，也借此表达了对于理想居住环境的理解和思考。

模型图

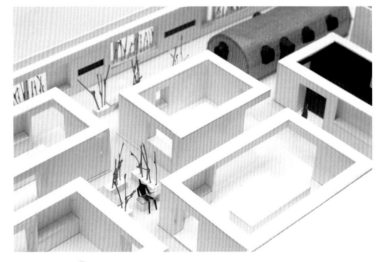

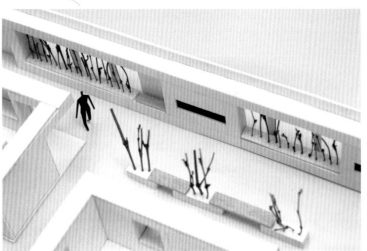

01

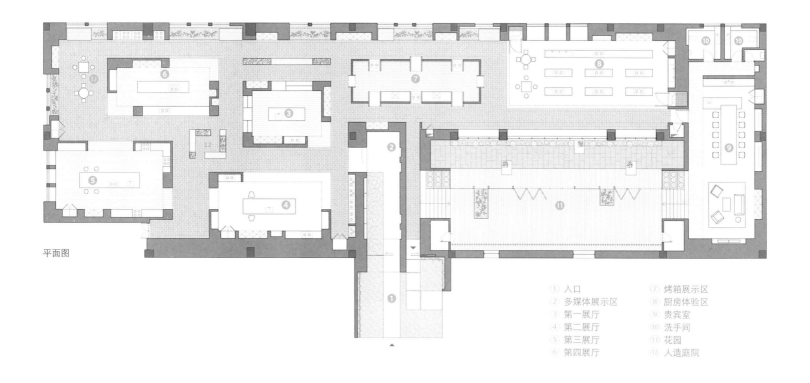

平面图

① 入口   ⑦ 烤箱展示区
② 多媒体展示区   ⑧ 厨房体验区
③ 第一展厅   ⑨ 贵宾室
④ 第二展厅   ⑩ 洗手间
⑤ 第三展厅   ⑪ 花园
⑥ 第四展厅   ⑫ 人造庭院

02 / 展厅

03-04 / 展厅内部空间

05 / 人造庭院
06 / 看向展厅的视角

07 / 展厅中的通道

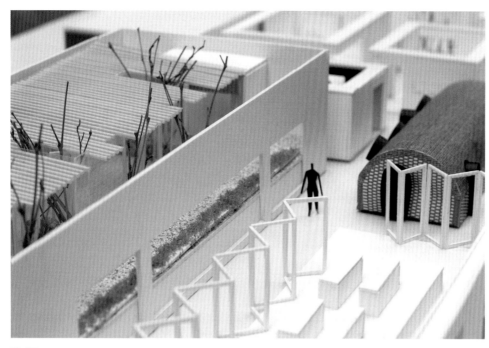

模型图

德国 Rational 福州展厅

Rational Exhibition Hall

项目地点 / 中国. 福建
项目面积 / 300 平方米
完成时间 / 2017 年
设计公司 / 大成设计（林开新）
摄影 / 吴永长

01 / 改造后的门口
02 / 制造入口起初狭窄而后豁然开朗的空间层次

新展厅位于福州东二环，设计师林开新受邀操刀设计。他坚持汲取西方严谨的工业技术，潜心研究设计的表现语言，将东方特有的气韵与态度融入其中，探索当下人的精神生活需求，诠释一个通"东西"的设计作品。

在设计上，采取"改造"和"神秘"的策略，在维持建筑原型的同时，设计师另辟蹊径，舍弃全玻璃幕墙，利用黑灰色的铝格栅，配合简洁外墙，将建筑牢牢包裹、封锁。勾起外人欲窥探而无法满足的悸动，又保证墙内的人将注意力完整留给产品。设计师以崇尚精密质量的德国工艺为出发点，别出心裁地将展厅入口打造成一个斜面的盒子。神秘的深黑色搭配素雅的高级灰，带来庄重且强烈的仪式感。从商业角度考虑，门面外大内小呈环抱状敞开，又有迎八方客的寓意。室内原是独立的两层空间，设计师打通楼层使得挑高加倍，制造出入口处狭窄，而后豁然开朗的空间层次。这种局部促动、空间极度压缩后又突然释放的手法，层层递进，颇有古人"犹抱琵琶半遮面"的美感。陈设架从二楼延至一楼，丰富了空间的视觉体验，也勾起了人们对二楼空间的无限猜想。同时，暖色系打破黑白灰的素净，拉近人与空间的距离。设计师注重打造空间的层次感，从"压迫"到释放、从隐到显，给人带来耳目一新的路径体验。二楼是品茗区与体验区所在，在这里，来访者可亲自动手，泡一壶好茶，或是烘烤一份点心。设计让厨房不再只是具有单一的烹饪功能，而是交际与沟通的多功能场所。

光是设计中的重要元素，设计师在设计展厅时不遗余力地发挥其奇妙的魅力。自然光通过格栅柔和地渗入品茗区，室内的人可以享受光线的朦胧之美，并能将注意力留给产品。

01

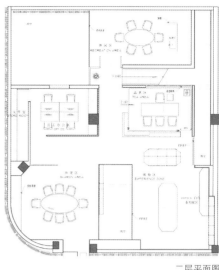

二层平面图

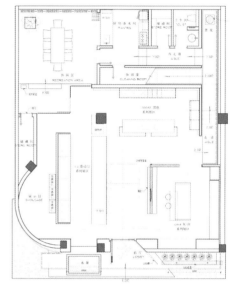

一层平面图

03 / 顺着光的指引进入狭长的过道
04 / 陈设架从二层延至一层
05 / 木制桌椅
06 / 俯瞰楼下的风景

荟所新零售体验店
Vigor Space

项目地点 / 中国, 江苏
项目面积 / 1200 平方米
完成时间 / 2017 年
设计公司 / 南筑空间设计事务所
摄影 / 陈铭

该店是一家位于商业综合体的新型零售店铺。店铺承载了线下消费、体验和服务等多方面的提升。在线下的业态布局中，除了主打的生鲜零售以外，还有咖啡、冰淇淋、鲜花和红酒的销售，除此之外还加入了餐饮与聚会功能。设计师旨在通过适度混合的功能，在综合零售形态的商业空间里为顾客带来更多的体验与感受。室外主要的一侧面向露天的中庭，设计除了解决各个功能之间的关系之外，这样一家新零售空间以何种方式呈现也是设计师思考的重点。

鉴于品牌本身的包容性，设计师在设计之初提出了"探索"这一主题词，希望这一空间能引发顾客的好奇心，使得顾客进入店中。内部空间的格局开放通透，减少了视觉的阻碍，而穿插其中不同体量的停留空间与流线构成了动静结合的节奏感。此外，考虑到产品的多样性，浅灰色水磨石和原木色调成为空间整体的基调，使空间在比较丰富的商品色彩下保持色调统一。在流线到达的尽头，空间具备灵活性，可满足讲座、聚会和沙龙等不同需求。

01 / 生鲜区采用阶梯柜体，下方的格子用作储藏兼展示

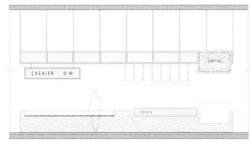

立面图 1

立面图 2

立面图 3

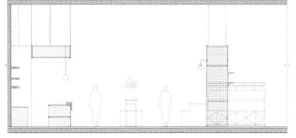

立面图 4

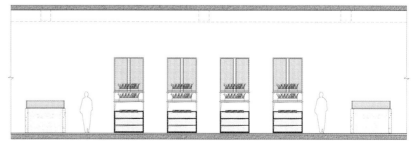

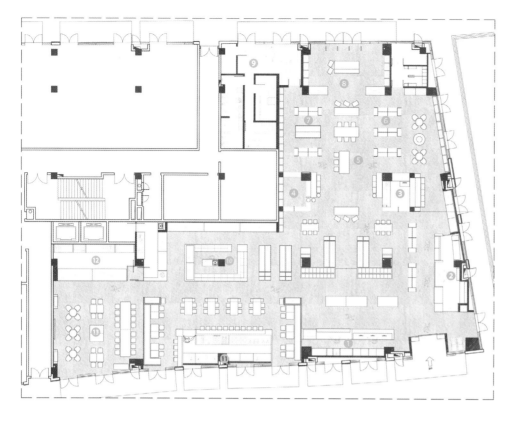

平面图

① 服务台
② 咖啡吧
③ 鲜花区
④ 精选家居区
⑤ 儿童活动区
⑥ 进口商品区
⑦ 副食品区
⑧ 红酒区
⑨ 后厨
⑩ 海鲜区
⑪ 西餐区
⑫ 日料区
⑬ 沙龙区

02 / 红酒区看向进口商品区
03 / 延伸视觉的通道
04 / 入口处的主次通道

05 / 场地中央设置了座椅休憩区
06 / 休憩区周边分布低视角的展柜
07 / 生鲜食品展示与加工区
08 / 日料就餐区结合了明厨与视听功能

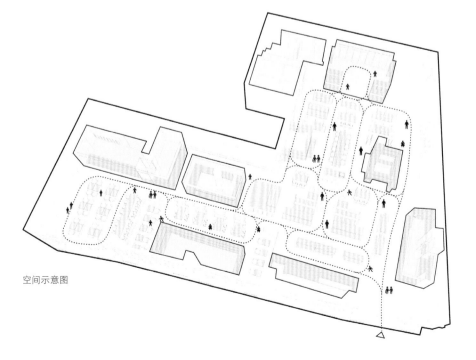

空间示意图

巴扎·诺尔概念店
Bazar Noir

项目地点 / 德国, 柏林
项目面积 / 85 平方米
完成时间 / 2014 年
设计公司 / Hidden Fortress 建筑事务所
摄影 / Hidden Fortress 建筑事务所

这家店向公众开放, 展示着精选的室内装饰品。为了让产品的展示多变, 项目的设计目标是设计极具适应性和灵活性的空间, 最好还要保留原建筑的氛围与高大空间的特点。

这家概念店的主要基调是黑色。店铺二层的特别之处在于通过突出的对比把它与店内其他的空间完全分隔开来。这家店以海岸松作为主要材质, 这种松木的纹理较大, 给人一种强烈的画面感, 而木材原有的浅白色或淡黄色与经过着色后形成的黑色形成了鲜明的对比。虽然海岸松以其原本的颜色成为二层的主要色调, 但它涂成黑色后则用在一层的大部分家具上面。因此, 二层所形成的迥然不同的氛围既能与较暗的一层相互融合, 又能相互区分开来。尽管室内的设计极其简约, 但添加了铜质材料、玻璃和优质面料的元素, 整体上营造出了一种温馨舒适的氛围。

层的主要区域与视觉轴线是房间后部的茶水间、前面的展示架、玻璃柜台、楼梯的边墙以及阳台前的玻璃墙等。这些区域之间的分隔与联系, 经过精心设计后都能展现出各自的全新视角, 使得两层之间的分隔变得更加柔和, 也消除了"黑暗"的一层和"明亮"的二层之间的强烈反差。由于充分利用了空间, 室内设有茶水间, 为顾客和员工提供服务。设计师必须处理来自三个不同方向的日光, 因此墙面采用了亚光的黑色漆, 这种涂料可吸收大部分光线以精确设置光点。在店铺的前面, 高高的天花板下安放着聚光灯。这种可调节的灯光为室内营造出了一种柔和的氛围。

01 / 店中悬空的楼梯
02 / 黑色是这家概念店的主要基调

01

夹层平面图

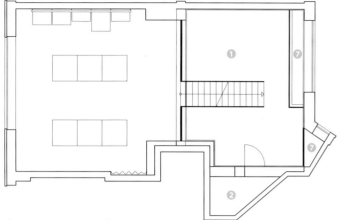

一层平面图

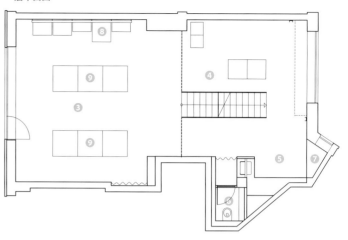

① 夹层   ⑥ 洗手间
② 储藏区   ⑦ 采光井
③ 销售一室   ⑧ 货架系统
④ 销售二室   ⑨ 可灵活配置的销售系统
⑤ 厨房

03 / 可根据需要调整的货架系统
04 / 楼梯的轮廓定义了夹层下面的空间
05 / 主空间与位于中央的楼梯

03

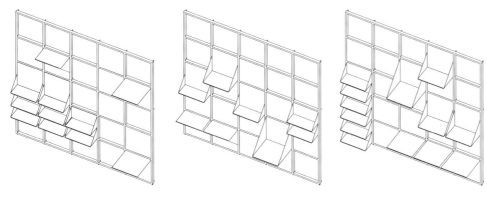

可调整的商品展示货架系统

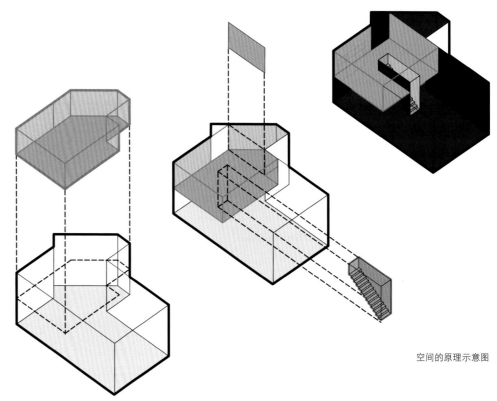

空间的原理示意图

07

08

谷鲁斯概念店

Groos Concept Store

项目地点 / 荷兰, 鹿特丹
项目面积 / 300 平方米
完成时间 / 2017 年
设计公司 / MVRDV 公司
摄影 / 欧西普·范·对文博德（Ossip van Duivenbode）

这家店打算填补设计师与消费者之间的空白, 创造出一个可以用来展示和购买产品的空间。其设计理念是使这家店铺成为鹿特丹地区在艺术与设计方面最前卫、最具创意的一家概念店。该店铺位于繁华的市区, 那里有很多不断发展的科技型初创企业, 创业者和艺术家们可以在此聚集, 吃饭、购物和进行各种休闲活动。

从《华尔街日报》到时尚杂志《艾丽》, 从《建筑文摘》到《孤独星球》杂志, 该店铺都被认为是鹿特丹的一个在设计、艺术、食品和文化领域等诸多方面引领潮流的典范。这家店现在开始朝着不同的方向前进, 更多地关注与一系列高端艺术品牌的合作, 同时也坚持着原有的理念, 使鹿特丹当地的人才让更多的人知道。该店显眼的粉红色墙壁上展示着各种原创的艺术作品。

设计的方案是将这里的空间恢复到原来的模样, 定制的鹿特丹产品陈列柜使店面中的物品摆放得更为紧凑, 这样就能为举办各种活动提供最大的空间。而它作为公共建筑的原有功能现在也正在恢复当中, 所以这个地方终将会重现昔日的辉煌。

01 / 室内空间

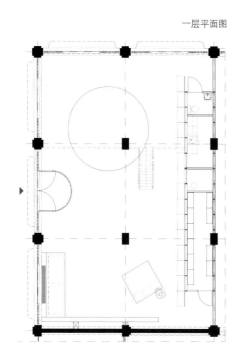

一层平面图

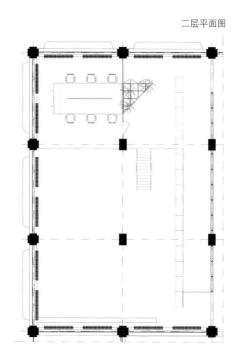

二层平面图

01

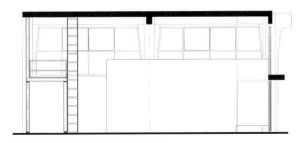

横向剖面图

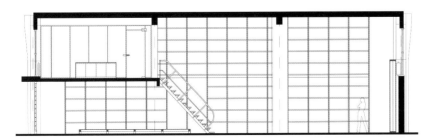

纵向剖面图

04

05

ROOM 家居概念店

ROOM Concept Store

项目地点 / 泰国，曼谷
项目面积 / 160 平方米
完成时间 / 2016 年
设计公司 / Maincourse 建筑事务所
摄影 / 凯彻利·翁旺（Ketsiree Wongwan）

这家店展现高端生活方式的多品牌家居用品，让顾客可以沉浸在家具、装饰、文具和艺术品之中，挑选自己喜爱的商品。店铺室内空间的宽度和高度均有限，并且店铺曾经翻修过。项目的物理空间挑战是如何在低矮天花板下的狭长场地上打造出有效的内部通道。设计师还设计了一个复合型平台为顾客创造出了令人兴奋的新体验。

设计师将空间纵向划分出了三条主走廊，格架之间的零星开口又使它们互相连通，这样就在顾客可以走动的中心区域创造出了一个很大的空间。随后，设计师又抬升了一部分区域以创建出一个可以展示产品的复合型平台，平台也可以兼做三条主走廊之间的循环通道。平台被设计成桌子的形状，顾客可以登上"桌子"，这就创造了独一无二的参观方式。顾客不仅可以水平方向走动，也可以垂直方向走动，这样能让顾客从不同的视角来观察产品。聚碳酸酯货架用来隔开三条主走廊，除了展示产品之外，这些半透明的货架与其格架之间的空隙也赋予了室内外空间的视觉联系。多变的聚碳酸酯货架可以为了突出某些产品而重新布置，从而形成一种新的外观。它采用了模块化系统，通过使用由当地工匠制造的、设计独特的柚木连接件将聚碳酸酯板固定在货架上，并将金属棒完美地插入板材结构之间的间隙来加固货架，从而形成变化多端的模块化系统。这也是一种将传统工艺与工业材料相结合的设计。

总而言之，这个项目的设计重点在于为不同年龄的消费者创造出一个吸引人的环境，让他们不仅可以在此享受选择产品的乐趣，还可以为儿童在室内走廊上奔跑和玩耍提供一个有趣而令人兴奋的环境。这种设计鼓励到店的消费者不断去探索概念店中各种家居用品及设计师营造出的各种空间，让消费者的每次参观都能成为一种全新的购物体验。

01 / 可调式货架能适合各种尺寸的产品

零售空间技术图

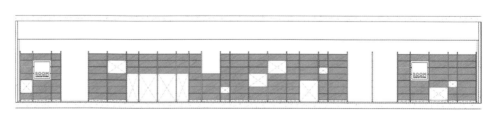

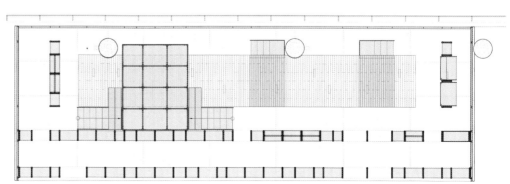

02 / 货架间的开口为特定商品的展示创造出了完美的角度
03 / 多层次地展现产品
04 / 聚碳酸酯板材和柚木连接件是将传统工艺与工业材料相结合的设计

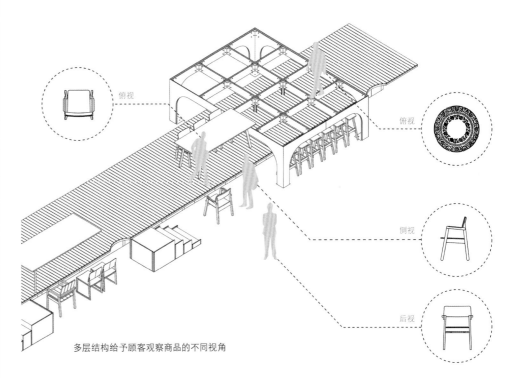

俯视

俯视

侧视

后视

多层结构给予顾客观察商品的不同视角

04

05 / 上层部分提供了概览的角度
06 / 多层次的结构为商品提供更多的展示空间
07 / 走廊互相连通，为顾客提供了持续的体验

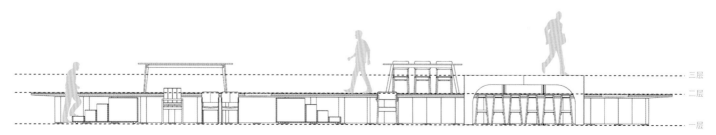

桌面成为另一平面上桌子的地面层

Kki 甜品和手工艺品店

Kki Sweets and the Little Dröm Store

项目地点 / 新加坡
完成时间 / 2015 年
设计公司 / PRODUCE 工作室
摄影 / 爱德华·亨德里克斯（Edward Hendricks），
CI&A 摄影工作室

这里的手工艺品店提供各种艺术设计的小摆设，而甜品店则出售手工制作的法式慕斯蛋糕。两家店共享一个零售空间，位于新加坡艺术学院。

虽然两个品牌共享一个店面，但它们还是需要保持自己鲜明的特点，同时它们又不能像两个完全独立的实体。这一空间内的基准平面层被设计成了一个多孔网格板结构，这样在内部就能够体验并观察到整个环境。在甜品店中，平面上方的网格结构各式各样，充满了想象力；而下面的结构则迎合了店面体验与品牌营销的实际需求，以各种桌子和货架打造出了私密的内部空间和通透的外部空间。这个基准平面层延续到了手工艺品店的相反方向后，形成了空隙，占据了一部分空间，设计师将这里打造成空间的主题与品牌密切相关的"树屋"。

网格结构在上层部分把两个店铺连在一起，而实际上，两家店已经成为分开又独立的两个实体。它们正门相对，互相成为对方的标志，共同占据着一个开放的空间，并通过"内部街道"分隔开来。这条在建筑内的"街道"蜿蜒曲折一直延伸到甜品店。设计师选取的主要材料是枫木贴面胶合板和实心松木条。选择它们的理由是因为其色调较浅，这样的结构就像一张空白的画布，两家店可以用各自的产品来填充出各种颜色。浅色的枫树与松树质地的家具有助于与大厅较深的色调形成反差。这些木质材料展现出视觉上的轻盈，但是其实它们的内部是空心钢的框架结构。这些结构在地面上被伪装成桌子腿和门框，形成一种"提升"的效果。

01 / 室内空间

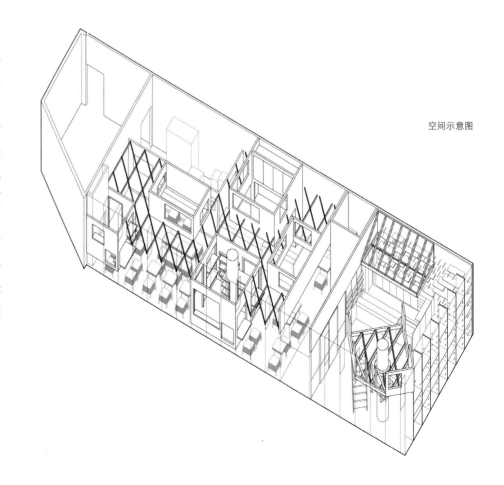

空间示意图

剖面图

M.Y.Lab 木艺实验室上海店

M.Y.Lab Wood Workshop

项目地点 / 中国，上海
项目面积 / 450 平方米
完成时间 / 2017 年
设计公司 / 久舍营造工作室
摄影 / SHIROMIO 工作室

该项目位于上海市长宁区，原东风沙发厂厂房一层。委托方希望能把原有的单层厂房隔成两层，作为木制品的体验性商业空间使用。

设计师在厂房空间里植入了一个"考古挖掘现场"，将主要的木艺操作空间做下沉处理，隐藏在入口的墙内，并用纯净的水磨石矮墙围合，创造出隐蔽的神秘空间。"考古现场"上部为巨大的倾斜金属网顶面，日光从地铁高架线一侧洒向这个充满仪式感的空间。在由一个依附于入口墙内的直跑楼梯到达二层的连廊里，人们可以靠着栏杆，如同在考古挖掘工地现场的跑马廊上一样，俯视整个操作展示区，也可以在廊道内靠窗的木工桌边操作、阅读和聊天。

进入主体空间之前是一道狭长高耸的入口廊道，设计师在走廊的木质墙壁上连续设置了展示柜和液晶显示器，并在大门入口的显示器下预留了一个家具展位。廊道的另一端正对着接待区的前台，一组拱桥的木构件组合编织在头顶高处，并在入口大门处露出部分侧面，隐喻着传统工艺的苏醒。结合主体空间的斜向金属网吊顶，设计师在二楼相应的教室中设置了台阶式的台地。这些台地利用了斜屋顶上方的三角空间，争取了更多的教室面积。设计师也将空调等设备都隐藏在斜吊顶与原平楼板之间的空间中，避免了管线和空调设备对于纯粹空间界面的侵入。另外，设计师在整体流线中还设置了两个金属黑盒子。一个是从一层上二层的旋转楼梯，楼梯的顶部呼应了主体空间的斜吊顶。另一个是附房中连接户内外的水吧，它一半在室内，构成了附房区域的形式主题，另一半在户外，设计师在黑盒子与院落间的门内设置了一个天窗，窗下是一张单人座椅。学做木工的休息时段，可以在这里享受安静的独处时光。

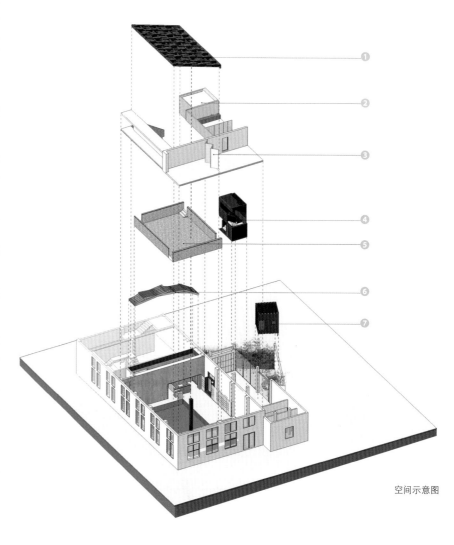

1 倾斜的屋顶
2 光的虚空
3 可变教学区
4 "黑盒子"（楼梯间）
5 下沉空间（操作区）
6 木构架组合
7 "黑盒子"（水吧区）

空间示意图

01 / 二层跑马廊上俯瞰 "考古现场"
02 / 入口

01 / 二层跑马廊上俯瞰 "考古现场"
02 / 入口

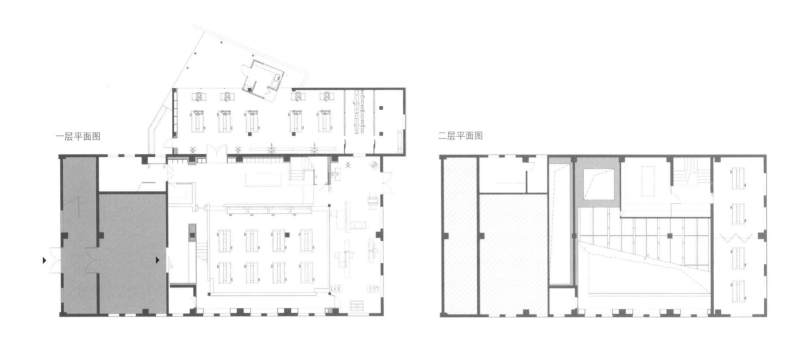

一层平面图　　　　　　　　　　　　　　　二层平面图

04

05 / 现代连续贯木栱构件组下的接待台
06 / "考古现场" 旁的现代重机械区
07 / 连接两层楼的楼梯

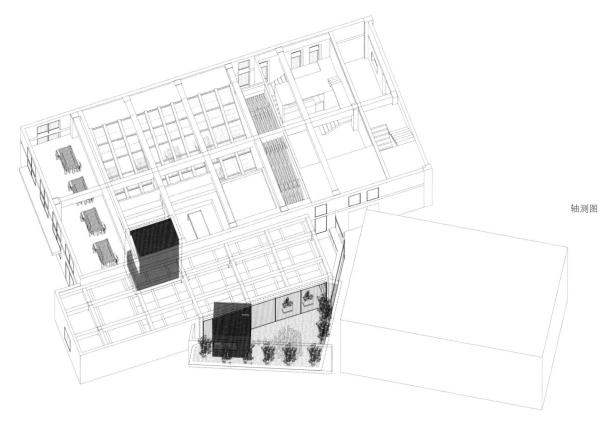

轴测图

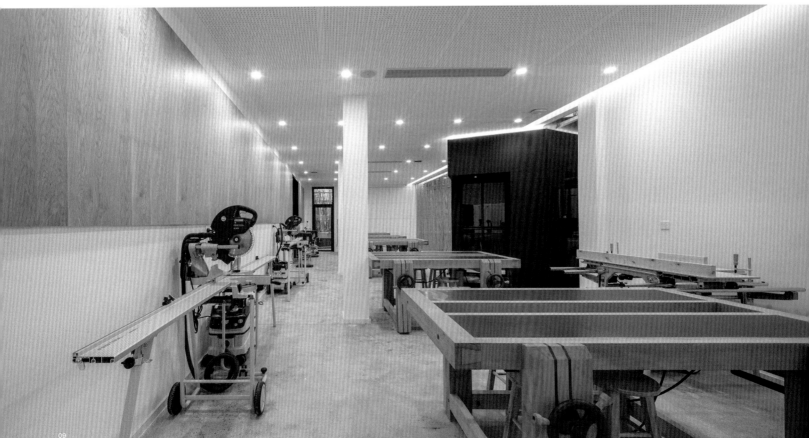

叶晋发商号：米粮桁

The Inverted Truss

项目地点 / 中国, 台湾, 台北
项目面积 / 735 平方米
完成时间 / 2016 年
设计公司 / B+P 建筑事务所, dotze 创新工作室
摄影 / Hey! Cheese, 魏子钧, 林姿利

店铺原来是一个超过百年历史的宅邸。回顾历史老宅，除了屋主叶家代代生活的空间，还有一些用作叶家早期经营的碾米店，经历一代代生活痕迹的迭加与外租经商者的使用状况，许多空间机能与空间样貌处于较混乱的状态。在空间计划中调整第一进一楼作为商业使用，并维持早期以米粮为商品进行销售；第二进一楼则为米制烘培食品与复合式展演营业空间；二楼为多元文化创意空间；三楼则为叶宅的行政办公室、文物展示与神明厅。

01 / 店内的楼梯

设计师采取以"轻的置入"方式作为面对历史建筑的态度，讨论如何让新的构造物能以现代的轻巧姿态置入，因此材料与构造形式保留了最高的穿透性，企图让新与旧的层次能够达到新的平衡。因此设计团队提出结构作为家具的概念，以自承重的反向木桁架支撑起屋架与展示墙面、高度整合照明与设备管线，让整体新构造被视为单一对象。此设计除了整体建筑空间的基础修缮整理外，还尝试以最微度的调整将少数拆卸材料再利用，以及最轻量的作法小心地加入来衬托空间，并采取减少碰触、锁固等不破坏历史建筑的原则。透过一组完全与老屋略微脱开及自我组立的构架，以自承重的反向木桁架支撑起屋架与展示墙面于空间中。

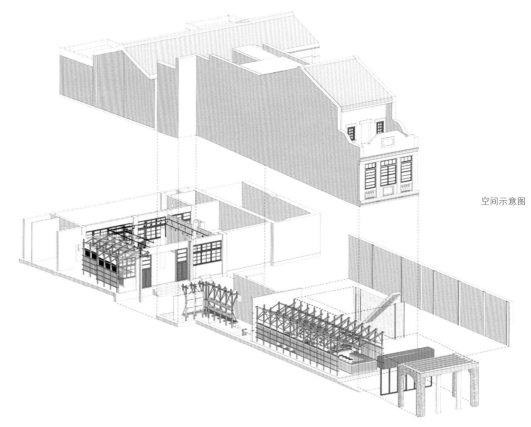

空间示意图

此外迪化街的北街本来就有许多碾米商，叶家只是其中之一，因此米铺的重新置入就特别有意义，空间中除了重新放回叶家熟悉的原件，让音乐与米相关的木器以历史文物的姿态回到空间，木构架更是采用既有叶家米商常用的木器材料日桧作为主要材质，除了显性的形式外，质地上的隐性响应更是一种对老房子的尊重态度。

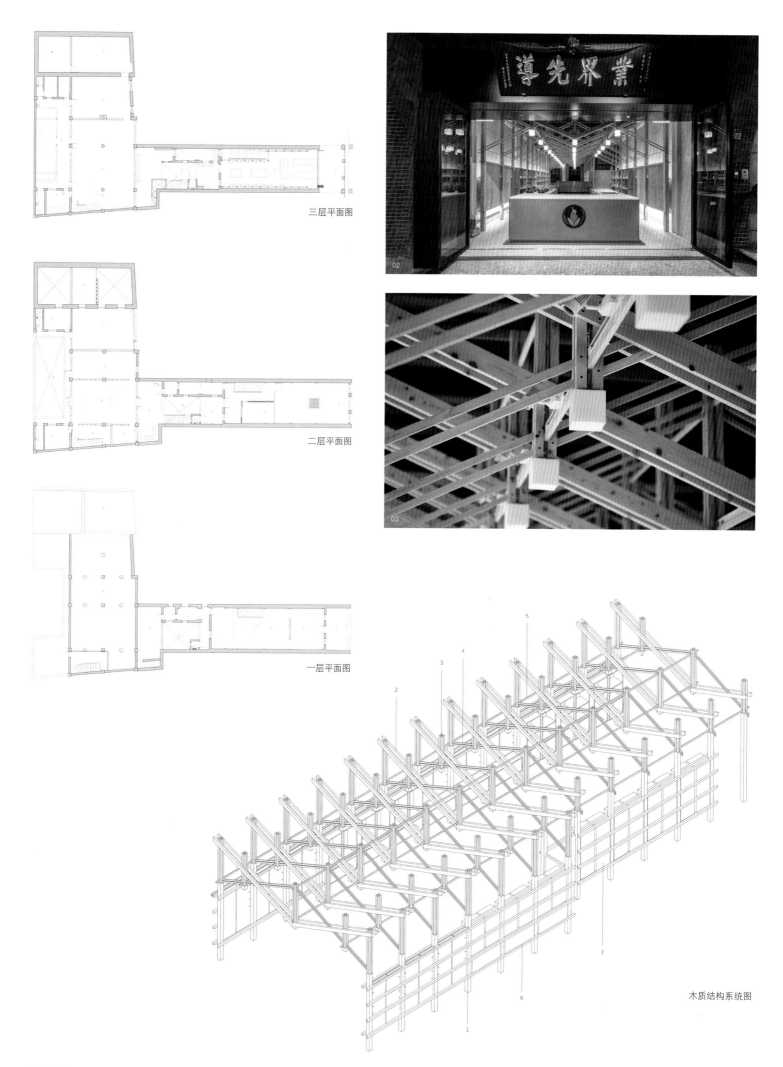

三层平面图

二层平面图

一层平面图

木质结构系统图

06 / 一层后方的展示空间作为展示与活动的场所
07 / 打开厅堂让绿意回来
08 / 三层叶家的客厅
09 / 后院与天井

剖面图 1

剖面图 2

751 时尚买手店
751 Fashion Buyer Shop

项目地点 / 中国，北京
项目面积 / 430 平方米
完成时间 / 2017 年
设计公司 / CUN 寸 DESIGN
摄影 / 王厅，王瑾

设计师此次的任务是把时尚回廊空间打造成新的商业店铺。设计师考虑到将商业与时尚相结合才是时尚买手所需要的。而买手店的商业形态正影响着我们身边的消费群体。

设计师认为设计应服务于商业，甚至设计的本质就是创造商业的价值以及某种更贴近人们现实生活空间水平的提升与完善。刚好在 751 摆放着一批由上一届北京国际设计周留存下来的陈设道具。设计师将其中一些道具倒置并加以链接，不仅解决了拉近大层高的空间高度，同时上与下的关系，以及材质使这些区域形成独立的空间。

设计师加入了红砖、木质和水泥等一些贴近生活材质的陈设装置，来弥补空间的顺序。纯白色的中心区域是整个展示的核心轴，与周围压暗的宝湖蓝色形成对比。走进空间的人流被吸引到这里后，再分散于拥有独立主题的各个大罐子之中。设计师将每个罐体与主空间连接的门套进行拉伸，增加长度形成小走廊，也是空间与空间之间的完美过渡。改造后的罐体内的咖啡吧和书吧让展示空间更有生活味道。中心场域的另一侧设置了落地玻璃，这条玻璃线将"新"的空间与"旧"的回忆相切，但又相互交融。玻璃外的走廊成为举办时尚秀的 T 台。

01 / 产品展示区

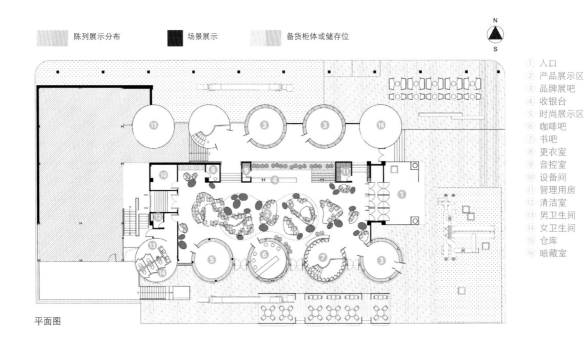

| 陈列展示分布 | 场景展示 | 备货柜体或储存位 |

平面图

① 入口
② 产品展示区
③ 品牌展吧
④ 收银台
⑤ 时尚展示区
⑥ 咖啡吧
⑦ 书吧
⑧ 更衣室
⑨ 音控室
⑩ 设备间
⑪ 管理用房
⑫ 清洁室
⑬ 男卫生间
⑭ 女卫生间
⑮ 仓库
⑯ 暗藏室

02 / 建筑外立面
03 / 过道
04 / 收银台

原方案

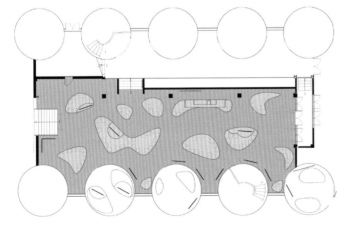

卖场开敞区总面积: 277 平方米

道具占地面积: 63 平方米

空地面积: 214 平方米

现方案

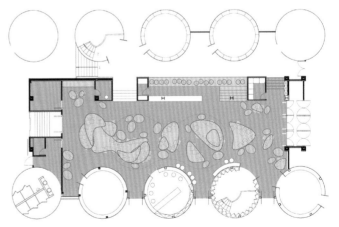

卖场开敞区总面积: 297 平方米

道具占地面积: 73 平方米

空地面积: 224 平方米

05 / 产品展示区
06 / 展示道具细节
07 / 从过道望向产品展示区
08 / 产品展示台

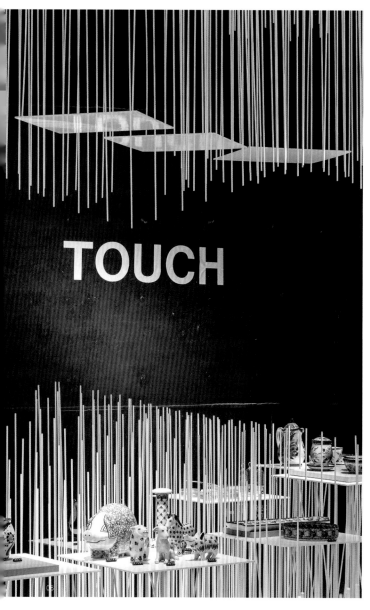

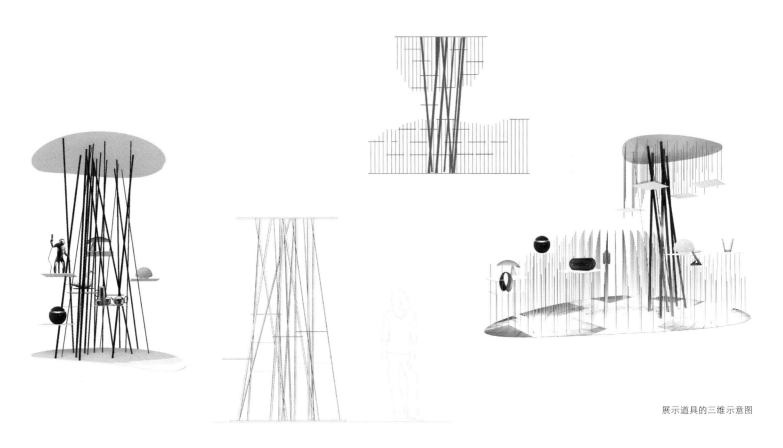

展示道具的三维示意图

09-10 / 产品展示区
11 / 书吧

跑步者营地旗舰店

Runner Camp
Flagship Store

项目地点 / 中国, 上海
项目面积 / 643 平方米
完成时间 / 2017 年
设计公司 / PRISM DESIGN 设计公司,
OFFICE Coastline 设计公司 (协作设计)
摄影 / 足立真琴 (Makoto Adachi),
亚历山德罗·王 (Alessandro Wang)

本项目设计主题为"城市体育运动",旨在通过本项目在上海宣传一种健康和时尚的生活态度。空间表现重点在于楼梯。从上海整体的建筑分布而言,浦东的摩天大楼及高楼的数目都要远多于浦西。建筑上的高度差异在设计中以楼层来代替,店内的一楼和二楼分别代表了上海的浦西和浦东,中央的楼梯将两层楼相连,垂直方向的人流象征着跑步者们通过运动联系了整个上海,项目的主题由此体现:自由的运动连接了运动中自由的城市。

材料的选择方面,网格金属、吸音、隔热和混凝土等表现了都市感,设计中运用的工业级材料强化了都市中粗犷的工业感;对于表现时尚感的材料,设计中使用了橙色亚克力、磨砂金属板等。材料运用中的特别之处在于,在设计中使用了在道路及管网建设中常见的十字金属网格作为此次设计中的展示架,展示架可以移动,实现了材料的概念表达和功能合二为一。功能方面,店面一层是售卖店和运动鞋咨询体验区,二层是为专业健身运动而设计的运动训练功能区,其中包括大型 LED 显示屏互动体验空间、跑步运动空间、会员俱乐部用淋浴间及其配套设施等。

店铺是跑步者的营地,城市中的人们跑步时间大多在日出和日落之时,也就是早晨和傍晚,考虑到这两个时间段被阳光浸染的橙黄色霞光,店内选用的品牌颜色也使用了代表生机和活力的橙色。

01 / 店中的楼梯

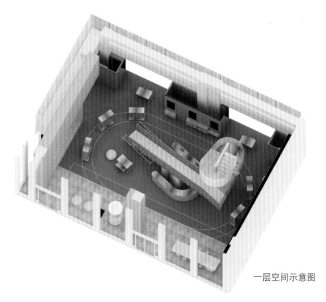

一层空间示意图

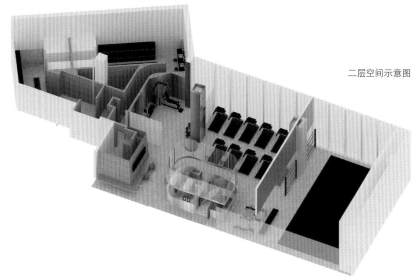

二层空间示意图

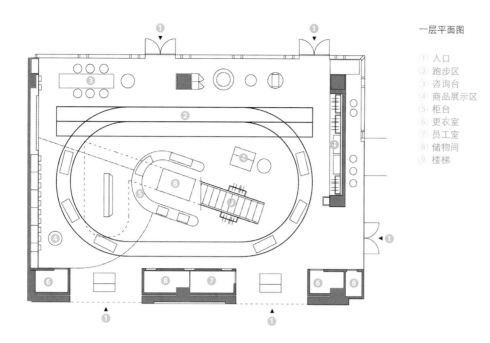

一层平面图

① 入口
② 跑步区
③ 咨询台
④ 商品展示区
⑤ 柜台
⑥ 更衣室
⑦ 员工室
⑧ 储物间
⑨ 楼梯

02-04 / 一层商品展示区
05 / 商品展示

06-07 / 跑步者营地
08 / LED 屏幕与锻炼空间
09 / 休息区与储物区

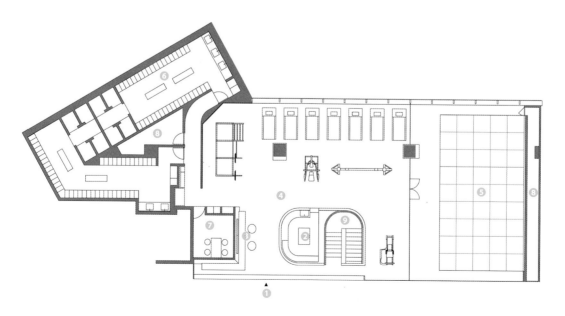

二层平面图

1 入口
2 柜台
3 休息区
4 健身房
5 LED 区
6 更衣室
7 员工室
8 设备间
9 楼梯

索 引

图书在版编目(CIP)数据

体验店设计 / （新西兰）布兰登·麦克法兰（Brendan MacFarlane）编；姜楠译. —桂林：广西师范大学出版社，2018.8

ISBN 978 - 7 - 5598 - 0894 - 3

Ⅰ. ①体… Ⅱ. ①布… ②姜… Ⅲ. ①商店-室内装饰设计-案例 Ⅳ. ①TU247.2

中国版本图书馆 CIP 数据核字(2018)第 105686 号

出 品 人：刘广汉
责任编辑：肖　莉
助理编辑：李　楠
版式设计：张　晴
广西师范大学出版社出版发行

（广西桂林市五里店路 9 号　　邮政编码：541004
网址：http://www.bbtpress.com）

出版人：张艺兵
全国新华书店经销
销售热线：021 - 65200318　021 - 31260822 - 898
恒美印务（广州）有限公司印刷
（广州市南沙区环市大道南路 334 号　邮政编码：511458）
开本：635mm×965mm　　1/8
印张：30　　　　　字数：40 千字
2018 年 8 月第 1 版　　2018 年 8 月第 1 次印刷
定价：258.00 元